一本超能激发食欲、创意和动手精神的趣味厨房百科书

[法] 维尔日妮・康坦 [法] 弗雷德里克・利萨克 著
[法] 雅克・阿扎姆 [法] 迪图瓦纳 插图 时征 译

中信出版集团・北京

跟随四季的脚步，
品尝食物的美好，了解食物背后的知识……

“我要吃牛排！”

陪伴孩子的时光，除了要保证他们的安全，还要设法填饱他们的肚子！一般来说，准备些比萨、薯条、面条、肉类、蔬菜、水果和小糕点就足以应付了。不过有时可没那么简单，因为孩子可能对你准备的饭菜不满意，而提出自己的要求：“我要吃牛排！”

遇到这种情况，也许稍微哄一下，孩子就接受了，但其实，你还可以做得更好——只要稍微修改下“游戏（准备食物）”规则，并在过程中穿插一些小故事、小游戏、小分享以及丰富的活动，让孩子参与进去。你会发现，让孩子吃饭不再是难事，和孩子们一起用餐的时光也变得快乐而融洽。

怎样才能做到这一点呢？多花些时间和心思，就这么简单。

多花些时间去户外和花园中走走，亲近大自然；走遍市场的每个角落，去寻找这个世界馈赠给我们的各种味道……

多花些时间选择，挑选那些由当地农户种植的、在大自然中生长的应季蔬菜和水果……

多花些时间品尝，酸模（山菠菜）的酸爽、菠菜的苦涩、新鲜豌豆的可口、覆盆子的甘甜……

多花些时间陪伴，让孩子们自己到市场挑选原材料，烹制一道菜肴；让他们和你一起采摘新鲜的野生食材，制作一盘丰盛的头盘沙拉；让他们用可食用花卉把节日大餐点缀得更加秀色可餐……

多花些时间和孩子们在一起，你会发现让他们吃饭这件事会变得简单得多，你甚至可以让他们自己从中发现很多有意思的事情！

春天

夏天

目录

秋天

冬天

和孩子一起下厨房前，不妨看看这些建议！

最根本的是：让孩子们参与其中

小朋友们都特别喜欢帮助大人“干活”（尤其是在没人强迫他们这么做的时候），模仿大人们的一举一动。既然这样，家长们不妨因势利导，把家务活变成孩子们喜欢的游戏或挑战，让他们参与其中，无论什么时候，这都会是个好主意。

有时候，和小朋友们一起做饭是件很麻烦的事（有割伤、烫伤等危险，具体可参看下面关于安全部分的内容），因此我们给每个孩子布置任务时，都要考虑他们的年龄，比如下面这些工作是可以交给孩子们来做的。

-清洗蔬菜和水果；
-给水果（香蕉、橙子、柚子等）剥皮；
-用叉子或捣杵将水果或蔬菜捣碎；
-榨果汁（柑橘类水果）；
-把生菜撕碎；
-用黄油刀或圆头剪刀来剪切青菜；
-如果孩子们已经学会计算，可以让他们称量各种食材；
-将各种食材混合搅拌到一起；
-打鸡蛋或者将蛋清和蛋黄分离；
-用圆头刀具或刮刀涂抹黄油；
-在松饼模具里铺好吸油纸；
-用糕点刀或锅铲把和好的面糊摊开；
-将所需食材捏揉成小球状（制作饼干、饺子等），如果食材中含有生肉，要避免直接品尝，而且事后一定要将手洗干净；
-将厨房清理干净（将小厨具都收起来，用抹布把桌子擦干净，把用过的厨具都清洗干净，但一定要小心别把它们打破了）。

在开始做饭之前，一定要注意安全

在和孩子们一起准备美味佳肴之前，以下这些卫生和安全的守则是必不可少的：

1-在做饭之前、之中和之后，都要记得清洁厨房的工作台。

2-在做饭之前和之后，每个人都要认真用肥皂把手洗干净；在做饭过程中，如有必要，还需再次洗手。

3-系好围裙（这样做饭更有感觉），并使用干净的抹布和屉布。准备好一个餐盘来摆放做饭过程中所需的厨用工具（如刮刀、餐具等）。

4-用一个小垃圾桶来盛放厨余垃圾。

为了能让孩子们学得更地道，下面这些行为需要你的帮助：

- 使用锋利的刀具（对于年龄偏小的孩子来说，最好给他们使用圆头的刀具）；
- 毫无风险地使用搅拌机、打蛋器和其他自动化炊具；
- 使用和控制热源（电热盘、煤气炉或电炉等）。

好用的厨具

只要拥有任何一个厨房里都会配备的那些传统厨具，就足以做出本书中介绍的绝大多数菜肴。所以，完全没必要再去购买那些华而不实的厨用产品，因为这些东西往往又贵，又占地儿。不过，还是有一些厨具和设备非常实用，能够做出孩子们爱吃的菜品，因而深受喜欢。下面就是一个简要的清单：

-做蜂糕和奶酪火腿三明治的专业设备；

-熔化巧克力用的专业设备；

-榨汁机（用来制作沙冰、浓汤及其他混合物）；

-做各种饼干用的模具；

-带有各种图案的镂花模具；

-做小饼干或雪糕的模子。

你家的冰箱一定要常备下面这些：

-6个鸡蛋；

-甜黄油或半咸的黄油；

-4罐原味酸奶；

-干酪屑，或者供涂抹面包的干酪；

-一些胡萝卜和土豆。

你家的壁橱一定要常备下面这些：

哪些食材是必不可少的？如果我们列一张清单的话，它的长度将取决于你的饮食习惯或特殊口味。有了下面这些食材，你在厨房里就永远不会手足无措。

调料和香料

–咖喱(黄咖喱或红咖喱)；
–混合香料(也称四香料，包括姜、丁香、肉豆蔻和黑胡椒)；
–桂皮；
–辣椒；
–丁子香干花蕾；
–肉豆蔻；
–小茴香籽；
–干辣椒粉或埃斯佩莱特辣椒；
–普罗旺斯干香草；
–黑胡椒或白胡椒；
–洋葱、分葱和大蒜；
–酱油。

甜味调料

–绵白糖、糖霜、粗红糖；
–橙花精；
–香草精；
–蜂蜜；
–发酵粉；
–小苏打；
–巧克力(黑巧和白巧)；
–可可粉；
–杏仁，杏仁粉；
–干果：杏干、李子干、椰枣、葡萄干；
–栗子膏；
–巧克力块。

粮油、罐头等

–泰国香米；
–圆粒大米；
–各式面条：长短各异的意式细面条、通心粉和宽面条；
–面粉；
–粗麦粉；
–玉米、鹰嘴豆、小扁豆；
–金枪鱼、沙丁鱼；
–番茄酱和番茄沙司；
–腌渍的去皮番茄；
–双孢蘑菇/洋菇；
–配有鸡肉块、牛肉粒和蔬菜块的浓汤，最好少盐少油；
–普罗旺斯酸豆橄榄酱和香蒜酱；
–浓缩的块状番茄酱；
–超高温灭菌牛奶；
–超高温灭菌全脂奶油；
–椰奶；
–橄榄油；
–花生油、葵花籽油；
–香醋。

孩子一学就会的四道基础菜肴

土豆泥

1-要做4人份的土豆泥，需将1千克土豆（削皮或不削皮均可）放入水中蒸煮30分钟或更长时间，直到土豆从里到外都煮得软烂。

2-将土豆去皮，再用叉子或捣菜泥器将土豆捣烂。

3-先加入3汤匙冷黄油，搅拌均匀，再根据所需的浓度加入150毫升或更多的温牛奶。

4-加入盐、胡椒，然后就可以享用了。

做一些小改变：

-你可以用橄榄油取代黄油，用鸡肉汤或蔬菜汤取代牛奶。

-为了给土豆泥提香，你可以根据自己的口味加入：帕尔玛干酪碎屑、香草、切碎的洋葱或蒜末、肉豆蔻、辣椒粉、橄榄碎。

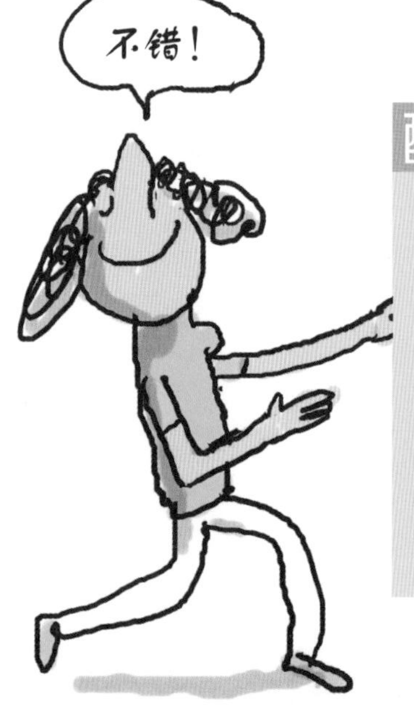

酸醋沙司

基础做法：醋和油的比例为1∶3，再配上盐和胡椒即可。具体操作为：将醋和盐直接倒入沙拉碗里，搅拌均匀；再缓缓倒入油，并不停搅拌。你也可以准备更多的酸醋沙司，倒进果酱罐里，然后摇匀。

改良：可以用柠檬汁代替醋汁，也可以使用不同种类的醋或油，还可以在酸醋沙司里加入芥末、普罗旺斯酸豆橄榄酱、辣根菜、蜂蜜、香蒜酱、香草、分葱、洋葱、香料、芝麻……

这4道菜并不足以让孩子们尝遍各种味道，但它们简单易做，不可或缺，更重要的是，我们可以在这几道菜的基础上做出很多变化。简而言之，这是一切美味佳肴的开端！

黄油炒鸡蛋

1-按照每个人两个鸡蛋的分量来准备。将鸡蛋磕到碗里，加入2汤匙牛奶或液态奶油（4人份），用叉子轻轻搅拌均匀，并加入盐。

2-将1汤匙黄油放在不粘锅里（这是个秘密），用文火熔化。

3-将鸡蛋倒入锅中，一边加热，一边不停地用木勺翻炒。

4-当鸡蛋成形了（切记火候不要太过），将锅从火上取下，然后加入胡椒。

变化：为了使这道菜更完整，可以在炒鸡蛋里加上火腿丁、西班牙辣味小香肠丁、三文鱼丁、芦笋丁、青椒丁、虾仁、香草、洛克福奶酪、帕尔玛干酪和松露蘑菇丁等。

煮面条

1-将水烧开（煮100克面条需用1升水，同时加入10克盐）。

2-将面条倒入水中后，开大火，使水再次快速沸腾起来。用木勺不停搅拌，将面条在沸水中煮熟。严格按照面条包装上的时间来煮，以保证面条口感筋道。

3-在煮面的时候，用汤匙舀出几勺面汤，用来搅拌调料。

4-尝一下面条是否熟了。如果熟了，就把面条捞出，把水沥干（但也不要沥得太干，以免面条失去弹性）。

5-在面条中加入调料搅拌均匀，再放入锅中，用中火加热1分钟。这样，菜肴的香味更为浓郁，面条在食用的时候也还是热的。

不用秤，也可以称重

对于年龄偏小的孩子来说，准确称出食材的重量确实不容易。如果你能记住下面这些等量的数据，就可以不用秤而完成称重了。

满满1咖啡勺

可以装下：

6克 淀粉
5克 盐
4克 酵母
8克 糖或糖浆
10克 果酱
14克 可可粉
10克 玉米淀粉

满满1汤匙

可以装下：

40克 鲜奶油或白奶酪
20克 玉米淀粉
25克 糖
20克 葡萄干
20克 杏仁
20克 蜂蜜
25克 黄油
25克 浓缩番茄酱
15克 面粉
18克 生大米
11克 糖霜
8克 可可粉
13克 油
5克 奶酪碎屑

1个酸奶罐（约为150毫升）

可以装下：

125克 长粒大米
75克 玉米淀粉
100克 面粉
110克 粗粉
20克 葡萄干
135克 糖
70克 杏仁粉
120克 可可粉
50克 榛子、胡桃或松子

1个芥末罐（约为200毫升）

可以装下：

160克 长粒大米或180克圆粒大米
150克 小扁豆
160克 干豆子
130克 粗粉
120克 小贝壳面
135克 面粉
200克 糖
160克 油

测量液体的体积：

1烧酒杯＝30毫升
1咖啡杯＝80~100毫升
1芥末罐＝200毫升
1碗＝350毫升

此外：

1个鸡蛋＝50克（其中蛋清30克，蛋黄20克）
1块榛子大小的黄油＝5克
1块胡桃大小的黄油＝15~20克

做好菜肴的几条基本规则

我们在制作某道菜肴的时候，总有可能会不大成功（这并不算什么大事儿）。不过如果你遵循以下原则，则将在很大程度上避免这一现象的发生。

1-越简单越好。和孩子们一起做饭，你得从最基础的做起。所以，要选择那些容易烹制而且不太耗时的菜肴。

2-掌握好温度。在很多食谱或网站上，制作菜肴所需的炉温往往都给得太高了，尤其是对于肉类和糕点类食物来说。

3-做饭过程中要留心，不要远离灶台，也不要把煤气开到最大！

4-尽量不要放太多盐（可以让孩子们在手心中放一点点盐，来学习放盐的剂量），并且在做饭过程中时不时地尝一尝菜肴的咸淡。不要放太多的调味品。如果你想自创一道菜，要注意让甜、咸、酸、苦等各种味道和谐地融合在一起。

如何更好地使用这本指南

一章＝一个季节

每一章的内容，都对应一年四季中的一个季节，开始都会先用两页的篇幅来介绍应季的水果和蔬菜。清单里只会介绍那些在天然气候下生长的新鲜水果和蔬菜，也就是那些在当下的季节自然成熟并能够被良好保存的水果和蔬菜。

在所有食谱之中，都会标明：

—制作难度

1把叉子＝简单

2把叉子＝不太简单

3把叉子＝有点难度

—准备时间

不要被漫长的准备时间吓倒，比如做面包所需的面团要饧24小时，但在此期间其实你什么都不需要做。

—烹制时间

大多数情况下，所列的食材是用来做4人份菜肴的。如果不是，书中会特别指明。

啊呜！

春天……

三四月份的市场

绿色，绿色，还是绿色……当大自然在初春苏醒过来，新鲜的蔬菜才刚刚开始生长，就更不要提水果了……不过这绿油油的世界，是那么清新和美好！

现在正当季！

三四月份的
美味水果和蔬菜

蔬菜

芦笋	野苣
冬葵	萝卜
胡萝卜	洋葱
芹菜	小茴香
卷心菜	豌豆
抱子甘蓝	香葱
羽衣甘蓝	水萝卜
紫甘蓝	芝麻菜
苤蓝	婆罗门参
苦苣	菠菜
白皮小洋葱	

水果

这个季节还没有水果上市……
除了一些早熟的草莓品种……

食谱

开放式春日时蔬三明治

准备时间：20分钟
烹制时间：5分钟

配料：

- 4片微微烤过的厚面包片（普通的面包或乡村面包）
- 80克去掉荚壳的豌豆
- 200克鲜芦笋
- 100克水萝卜
- 200克樱桃番茄（如果你能接受温室水果的话）
- 50克芝麻菜
- 40克帕尔玛干酪
- 80克鲜奶酪
- 半把细香葱
- 盐和胡椒
- 橄榄油

1-把面包片微微烤一下。

2-将芦笋择好，和豌豆一起放在煮沸的盐水里焯4到5分钟。捞出沥干，放在冷水里迅速冷却一下，保持蔬菜的脆感。

3-将鲜奶酪和切好的细香葱末倒入碗中，小心地搅拌均匀，加入适量的盐和胡椒。

4-将搅拌均匀的“酱料”涂抹在烤好的面包片上。

5-在上面随意摆放些美味的芦笋尖儿、萝卜切片、豌豆和切成两半的樱桃番茄等。

6-再点缀上帕尔玛干酪屑和芝麻菜叶子的碎屑，还可以根据你的口味，淋上一些橄榄油。

变化：如果希望“三明治”的味道更加丰富饱满，可以在由鲜奶酪和细香葱末搅拌而成的“酱料”中加入一些干辣椒粉和蒜蓉。

※译者注：本书中所有与食材相关的季节，均指法国所处的地理气候。

准备时间：30分钟
烹制时间：1小时45分钟

配料：

- 1.2千克羊肉（羊肩肉或羊颈肉）
- 1个洋葱
- 1根芹菜
- 1束香叶
- 2汤匙橄榄油
- 1汤匙面粉
- 盐，胡椒
- 半根胡萝卜
- 半根水萝卜
- 半根萝卜
- 250克去荚豌豆
- 黄油

食谱 萝卜土豆烩羊肉

1-将洋葱剥皮、切碎，将芹菜切成小段。

2-在一口小锅中倒入橄榄油，加热。将切好的羊肉块放进去快速地煎一下，呈金黄色为止。

3-在锅中加入一汤匙面粉，搅拌均匀。倒入切好的洋葱和芹菜，再加入香叶。

4-倒入500毫升水，加入适量的盐和胡椒，盖上锅盖。用文火焖1小时，中间要记得搅拌一下锅里的各种食材。

5-利用这段时间，将小水萝卜和萝卜洗净，切成块儿。

6-将胡萝卜削好皮，切成小段。

7-羊肉焖到1小时之后，在锅中加入切好的胡萝卜、豌豆、萝卜和水萝卜。

8-用文火继续炖15分钟，盖上锅盖，再用文火焖30分钟就可出锅了。

9-出锅时，可再加入一小块黄油。将肉和蔬菜装盘，并撒上盐，一道美味的菜肴就做成了。

游戏 让孩子选购食材，玩有趣的“你比画我猜”游戏

为什么不让孩子来负责“采购”呢？让他来制定菜单，确定好食材清单(要选择当季的果蔬)，计算所需购买的分量——当然也要控制一下“预算”，这个取决于你的意见。

从市场回来后，在做饭之前，可以先把买回来的食材放在桌上，然后和孩子一起做个小游戏：每个人轮流表演，让对方猜自己正在“品尝”的食材或调料，但是不能说话，只能通过拟声词、动作、模仿或表情来提示！“呣”“呸”“哇”“嗯？”“吧唧吧唧”“咯吱咯吱”“咕噜”……让孩子来猜一猜：表演者是喜欢还是不喜欢这种食物，这种食物是很容易吃掉还是需要使劲咀嚼，这是从未吃过的东西还是早就熟悉的食物，这种食物是否曾在菜园里或田野中见过。

丰富的野菜沙拉

什么？我们要吃这些草？我们又不是奶牛！

当然不是，不过这多种多样的鲜嫩叶片会为你带来清新的口感和丰富的维生素。其实，在春天的牧场里漫步，将很可能变成一场名副其实的寻宝之旅……

配料

- 4个鸡蛋
- 1小把蒲公英的嫩叶
- 1小把车前的嫩叶
- 1小把野苣的嫩叶
- 1小把酸模的嫩叶
- 1小把野生芝麻菜的嫩叶
- 4根熊葱（也叫野韭菜，不太容易找到，但必不可少）
- 几朵紫罗兰、三叶草或蒲公英的花儿做点缀

食谱

用野菜制作的沙拉

1-将鸡蛋放入沸水中煮10分钟，用冷水冲洗后，将蛋壳剥掉。

2-准备调味汁：将小茴香放入500毫升加盐的沸水中煮1分钟，沥干，并在凉水中冷却，之后烘干。

3-把香芹和小茴香跟柠檬汁和橄榄油混合在一起，然后加入盐和胡椒。

4-仔细将所有的叶片和花儿洗干净，并晾干。

5-在盘子中放入一些做好的调味汁，然后将叶片和切成四分之一大小的鸡蛋整齐地摆放在盘中。

6-再在上面淋一层调味汁，用洗净的花朵做点缀，再撒一层碎榛仁。

配料 调味汁

- 1小把香芹
- 2~3棵野生的小茴香嫩芽
- 3汤匙柠檬汁
- 4~5汤匙橄榄油
- 碎榛仁
- 盐，胡椒

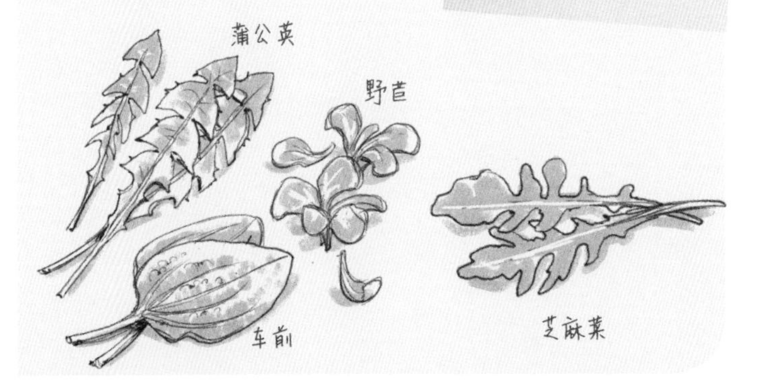

建议

如果孩子们不喜欢小茴香的独特味道，也可以用满满一汤匙碎香葱末代替，再加上一点点蒜蓉即可。

实践

*在采摘这些制作沙拉的野生叶片时，别忘了带一把锋利的小刀，你可以用它把植物从下边割断，而不必把它们连根拔起。这样，收割时才不会影响这些植物的正常生长。

*要选择那些最鲜嫩的新叶，在植物还没开花之前的叶片最好。否则，叶片很快就会发苦，或者像车前那样，叶子会变得像麻纤维一样嚼不动。

食谱

聚合草威化饼干

准备时间：10分钟
烹制时间：10分钟

配料

- 15片左右聚合草的叶子
- 60克帕尔玛干酪碎屑
- 40克奶酪碎屑（以孔泰奶酪或埃曼塔奶酪为佳）
- 2汤匙芝麻
- 胡椒
- 1咖啡勺辣椒粉

1-将烤箱预热到200℃。

2-将聚合草的叶子翻过来放置在铺好烘焙纸的蛋糕烤盘上。

3-将两块奶酪连同芝麻、胡椒和辣椒粉一起搅拌均匀，然后在每片叶子上涂抹一勺，并且轻轻按压。

4-放进烤箱烤制10分钟，就大功告成啦！

你觉得聚合草威化饼干有微微的鱼腥味儿吗？没错，就是鱼腥味儿，可能是由于植物中含有丰富的蛋白质的原因；如果换成荨麻，所含的蛋白质会更丰富。

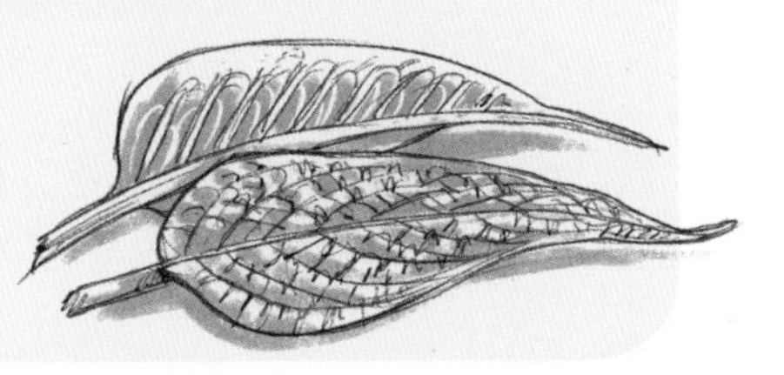
聚合草叶片

植物学知识

孩子们觉得蒲公英的叶子太苦了？（你对此怎么看？）告诉他们，不同的植物叶子会有不同的味道。比如虞美人、堇菜和椴树的嫩叶是苦的，酸模叶子的味道是酸的，琉璃苣的叶子则有点儿黄瓜味儿，不过它的花儿嚼起来有点儿牡蛎的味道！你认识马齿苋吗？一种长着扁平肥厚的小圆叶片的奇妙植物，在做沙拉的植物里，它是很美味的一种呢！在大自然中，还有很多有趣的植物等待你去发现……只是有时候，需要你多留意才行。

有用的植物

如果你自己饲养家禽，那么不妨割些聚合草来。把它们剁碎，然后和大麦粉、玉米面搅拌在一起，再加入适量的水，使其变成糊状，然后当作饲料拿给家禽们……你会发现，它们很快会爱上这种食物。

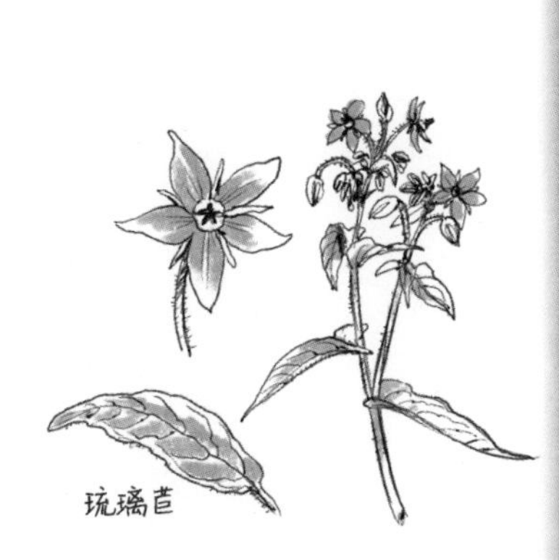
琉璃苣

美味的荨麻料理

什么？吃荨麻？你可真敢想……更何况怎么采摘它们呢？我好像都已经感受到那种被蜇的灼痛感了，孩子们一定不会喜欢……还真的不是你想象的那样：这种因蜇人而出名的植物是完全可以被“驯服”的，而且还能用来做出一顿大餐，既新颖又富含多种维生素。

好建议

选择最好的叶片

荨麻的叶片越嫩，做菜用就越好（尤其是不会含有太多嚼不烂的纤维）。所以，最好选择那些嫩芽，而且只选取尖儿上3~4片叶子（对，就像亚洲地区采茶的做法一样）。在烹制之前，要记得把叶片清洗干净。

窍门

如何采摘叶片才不会被蜇到

当然，荨麻会蜇人！为了在采摘叶片的时候不被蜇到，你得让孩子们戴上厚厚的手套。不过，你也可以教给他们如何赤手采摘叶片而不会被蜇伤：从叶片的下方拿住它，然后将叶片向上提起，并摘下来。这种方法几乎没有什么风险。几乎没有，我可没说绝对没有。（在孩子们面前要淡定！）而且，一旦被做熟了，荨麻就不再蜇人了，因为那些会引起荨麻疹的物质已经被破坏了。

食谱

荨麻浓汤

准备时间：15分钟
烹制时间：30分钟

配料：

- 300克生的荨麻叶片
- 200克土豆
- 1个洋葱
- 1升水
- 100毫升液态奶油
- 1汤匙橄榄油
- 盐，胡椒

1-先将洋葱和土豆去皮。然后将洋葱切成薄片，再将土豆切成1厘米见方的小块。怎么？这个过程太漫长，而且毫无乐趣？那不妨来组织一场切土豆竞赛，看孩子们谁切的土豆丁大小最均匀……

2-将适量的橄榄油倒入锅中加热，把洋葱放到油中，用文火煎5分钟，在煎炸的过程中要记得加入一小撮盐。把洋葱煎好后，在锅中加入荨麻，烹制几分钟。在锅里兑上适量的水，加入盐和胡椒，再倒入土豆丁。等锅里的汤烧开后，再用中火煮20分钟。

3-借助一把尖利的小刀来判断土豆是否已经煮熟：如果刀尖能毫不费力地扎进土豆丁里，就说明它熟透了。当土豆丁变得软烂后，在锅里加入奶油，然后搅拌均匀，再根据自己的口味添加一些调料，就可以享用了。

历史

母鸡的优良饲料

荨麻含有抗菌、抗病毒和抗真菌的成分。所以在乡下，它在长达几个世纪的时间里都被作为家禽的补充饲料！如果你家养有母鸡，可以时不时地给它们喂些切碎的荨麻吃。

食谱 荨麻蛋糕

准备时间：15分钟
烹制时间：40分钟

配料：

- 100克生的荨麻叶片
- 3只鸡蛋
- 150克面粉
- 1小袋酵母
- 2小撮小苏打
- 120毫升牛奶
- 75克番茄干
- 75克去核黑橄榄
- 100克奶酪（格律耶尔干酪、孔泰干酪、山羊奶酪都可以，看你自己的喜好）
- 半咖啡勺盐
- 胡椒
- 3小撮肉豆蔻
- 半瓣蒜
- 2汤匙葵花籽或芝麻

1-将烤箱预热到180℃。

2-取一个沙拉碗，将鸡蛋完整地磕到碗里，慢慢往鸡蛋里掺入筛过的面粉、酵母、小苏打和牛奶。

3-加入番茄干和切碎的黑橄榄，然后再加入奶酪碎屑或切成小丁的奶酪。

4-稍稍加一点点盐（番茄和橄榄已经带有咸味儿了），加入胡椒，再加入切碎的荨麻、肉豆蔻、蒜蓉和葵花籽或芝麻。

5-在蛋糕模子里抹上黄油和面粉，然后把搅拌好的面糊倒进去。在180℃的温度环境下烤制15分钟，再在160℃的温度环境下烤制20~30分钟。

蛋糕熟了没？可以用牙签来试试：用牙签扎一下蛋糕，拔出来的时候，牙签应该是干爽的。

6-可以趁热吃，也可以放凉了再吃；可以原味食用，也可以加上番茄酱或甜椒酱，再点一些橄榄油一起吃。

食谱 荨麻可丽饼

准备时间：40分钟
饧面时间：30分钟
烹制时间：每张可丽饼3~4分钟

配料：

- 250克面粉
- 3只鸡蛋
- 2汤匙橄榄油
- 1小撮盐和胡椒
- 500毫升牛奶
- 150克生的荨麻叶片
- 黄油

1-准备面糊。在沙拉碗中倒入250克面粉，在面粉中间加入鸡蛋、橄榄油、盐和胡椒，然后再一点一点地加入牛奶，在加牛奶的同时不断搅拌，直到搅拌均匀。将面糊放在旁边饧至少30分钟。

2-将荨麻放入加盐的沸水中焯2分钟，沥干，然后轻轻按压，去掉多余的水分，把它们切碎，并加到面糊里，再稍稍加一点胡椒。

3-把一小块黄油放在锅中完全熔化，然后舀一勺搅拌好荨麻的面糊，使其摊开，均匀地覆盖住锅底。等面饼成形后，把它整个翻过来，用中火煎2分钟左右，然后再翻一次面（你也可以教会孩子们来操作，不过你得做好他们会失败的心理准备），直到面饼的另一面也煎熟为止。制作每张可丽饼，都是同样的程序。

美丽又有益的野生植物

在清新的春日里到大自然中郊游？孩子们对这个提议未必会有多大热情……不过，如果是去寻找那些可食用的野生花朵，对孩子们来说，就称得上是一件乐事啦！

食谱 蒲公英果酱

准备时间：60分钟
放置时间：8小时
烹制时间：2小时

配料：

用来制作4罐果酱

- *365朵蒲公英的花儿（没错，相当于每天一朵……）*
- *2个橙子*
- *2个柠檬*
- *1千克绵白糖或制作果酱的专用糖*
- *1.5升水*

1-采摘那些已经盛开的蒲公英，清洗干净，去掉下边绿色的部分，把花儿的部分铺在屉布上，然后晾晒4小时（最好是阳光充足的条件下）。

为了让孩子们有足够的耐心等待蒲公英变干，在此期间你可以教他们学着用蒲公英的茎秆来演奏美妙的乐曲……

2-将晾干的蒲公英倒入制作果酱的大铜盆里，加上水，再倒入洗净切片的橙子和柠檬（不要剥皮）。将水烧开至沸腾状态，用文火煮1小时。在这个过程中，要保证水能没过所有花儿。关火后，盖上锅盖，再浸泡4小时或者更长时间。

3-用一个细网漏斗将汁液过滤出来，在过滤的过程中，要不断按压，以便将花儿的所有汁液都收集起来。称一下汁液的重量，加入同等重量（或稍少一点儿）的糖。将液体煮沸，再用文火煮大约1小时。

4-检查一下是否做好了。取几滴汁液，滴在一个足够凉的盘子上，如果汁液很快就凝固了，说明果酱已经做好了。

5-将做好的果酱倒在小罐里，密封好，然后让它完全冷却下来。

贪吃鬼的游戏 采集甜甜的花蜜

粉色的三叶草已经在你家花园的草坪上“泛滥成灾”了吧？别把它们拔掉！倒不如组织一场鲜花品鉴大会：从三叶草上摘一朵绒球状的花儿，然后从上面拔下一小把管状的小花儿，从“小管”的底部用力吸——一股甜甜的液体便流进了嘴里，这就是花蜜哟！

食谱

洋槐花贝奈特饼

洋槐虽然被人叫作金合欢，但实际上它并不是金合欢。不管怎样，蜜蜂们是绝不会认错的，它们能够准确辨认出那些白色的小花串，采集甜甜的花蜜，来酿制最细腻的蜂蜜。你为什么不来点儿呢？不，当然不是让你酿制蜂蜜，而是用这些花串制作一种美味的贝奈特饼。

准备时间：15分钟
饧面时间：1小时
烹制时间：15分钟

配料：

- 15串槐花（其中最好有一些花串是花朵已经绽放了的）
- 180克面粉
- 250毫升牛奶
- 1个鸡蛋
- 1咖啡勺酵母
- 2小撮小苏打
- 1小撮盐
- 半小袋香草糖
- 1汤匙绵白糖
- 糖霜
- 煎炸用油

1-首先，当然要采摘足够的花串，不过要记得现采现用，因为这些花儿一旦被摘下，很快就会枯萎。给你一个建议：不要用水冲洗这些花串，以免水没有完全沥干，在烹炸的时候油花四溅。

2-在一个沙拉碗里放上盐、糖、香草糖、酵母和小苏打，搅拌均匀，然后在中间挖一个“小坑”。

3-在“小坑”里倒入蛋黄和牛奶，然后一边搅拌一边慢慢加入面粉，最后得到均匀而细腻的面糊。

4-将蛋清打成泡沫状，倒进面糊里，然后将面糊饧上至少30分钟。

5-注意，下面这个步骤不要让孩子来完成。将煎炸用油倒入炸锅或高帮锅中，加热到180℃。拿着花串的柄，把花儿完全浸到面糊中，然后取出来稍微沥一下，把花儿上多余的面糊沥掉；将裹好面糊的花串放入油中，炸1分钟左右，直至变成金黄色；从锅中取出花串，放置在铺好吸油纸的糕点烤盘上，放进烤箱中保温，记得要把烤箱的温度设置在120℃，直到所有的贝奈特饼都做好为止。

6-在贝奈特饼上撒一层糖霜，然后就可以享用了。你喜欢它那花蜜的味道吗？

食谱 用接骨木花做的柠檬汽水

黑色接骨木的花儿非常香，可以用来增加奶制品、糖浆、贝奈特饼的芳香度。当然，清凉可口的柠檬汽水也会用到它。

1-将接骨木的花儿采摘下来，仔细去掉所有绿色的部分，然后把花儿放进一个短颈大腹瓶或其他密闭的容器里，加上糖、柠檬切片、醋和水，好好搅拌均匀。

2-不用盖上瓶盖，而是拿一块干净的布，蒙在瓶口上，然后在20℃的温度环境下发酵3天。在此期间，可以搅拌一到两次，来观察是否有气泡生成。

3-将发酵好的柠檬汽水过滤，倒入塑料瓶或厚玻璃瓶中。

耐心地等上3~4天。在享用的时候，要小心地打开瓶盖，因为瓶中的汽水可能会喷出来哟。

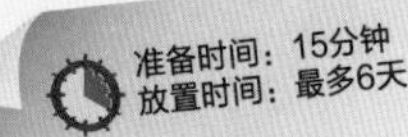

配料：
按照2升汽水的量

- 2升水
- 4串接骨木的花儿
- 200克绵白糖或蔗糖
- 1只黄柠檬
- 2汤匙白醋

你的袖珍菜园

你打算教给孩子们一些园艺基础知识？挺好，不过，你未必有那么多时间，也没那么大地方……

别担心，你在家里的阳台或露台上就能搭建这世界上最小的袖珍菜园，而且还能种出各种各样的蔬菜呢。

小贴士：

为了完成这个任务，你需要：

- *4块2.5厘米x90厘米x20厘米的（未经处理的）冷杉木的木板*
- *4根90厘米长的笔直树枝，用来隔出菜园的9个格子*
- *4块50毫米x50毫米的角铁*
- *16根3毫米x20毫米的螺丝钉*
- *16根60毫米长的钉子*
- *60升腐殖土（占2/3）和泥土肥（占1/3）*

园艺

正方形的袖珍菜园

隔出9个格子，这样可以同时种9种不同的植物。事实上，这很简单，不过是个数学问题！

1-一个“无土栽培”的菜园

这个迷你菜园实现了“无土栽培”，也就是说，它并不需要使用一块真正的菜地！

2-非常简单的手工活

把四块木板拼接成正方形的形状，用角铁从内侧把它固定好，然后用钉子加固（每个角上用两根钉子来固定）。如果你打算把它安置在阳台上，那么一定要在下面垫一块大塑料布，同时还要考虑灌溉用水的流向问题，楼下的邻居也会很赞同这一点！如果打算放在露台上，那么记得在下面垫一条旧床单，它能防止土壤流失，以免弄得地上到处都是。

3-肥沃的土壤

用混合的腐殖土和泥土肥填满“花园”的四分之三。

用笔直的树枝将“菜园”平均分割成9块面积相同的小正方形。

从那些生长很快、不需要太大空间的植物当中选择你要种植的品种：比如，你可以选择小水萝卜、莴苣、矮棵的菜豆等等，但要放弃芦笋、洋蓟、茄子和其他长形的作物。

4-艰难的选择

在栽种的时候，要注意合理选择它们的位置。那些攀爬型植物应该种在角落上，这样更有机会爬上墙面（比如菜豆、豌豆、小黄瓜、旱金莲）。那些生长迅速的植物（小西葫芦、红栗南瓜）可以种在边上，便于它们向“菜园”外边的空间延展。中间的位置，可以留给小水萝卜、生菜和那些香料类植物（比如细香葱、香芹、百里香）。

5-什么都种一些，但别太多

在打造这种迷你菜园的时候，有一个原则就是，每个品种都只栽种几株就够了：2株西红柿、3株细香葱、3株荷兰莴苣、3株红菜头……为了节约时间，你每次只要按照在小花盆里培育的植株数量来播种即可。然后，剩下的工作就变得很简单：除草，支架，浇水，收割……每天只需要花15分钟就足够了！

6-蔬菜的轮作（轮种）

迷你菜园的第二个基本原则是轮作，就是收割之后随即再栽种上下一茬植物：比如你在收割了莴苣之后，只需要简单翻翻土，便可以种下两棵细香葱。在那边，有一株西红柿长势不好？那就赶紧拔掉它，然后播种上几粒菠菜的种子……这样一来，你的迷你菜园里就永远不会有浪费的空地。而随着不同季节的到来，你也会收获不同的蔬菜，这应该会让大家都开心不已吧！

更小的迷你菜园！

3个瓶子，4根吸管……这便是一个便携的小菜园。

材料：

- 3个1.5升容量、横切面为正方形的塑料瓶（纵向剖开后，每半个瓶子可平稳地放在地上）
- 4根弯曲的吸管
- 一些泥土肥、棉花、沙土和黏土球儿
- 密封胶带
- 一些种子、插穗、小洋葱头……再加上一些液态肥料

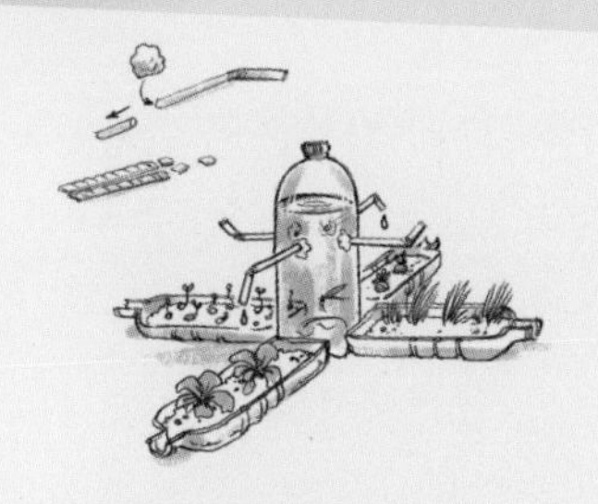

1-将两个瓶子沿纵向剖成两半。在底下钻几个孔，以便过量的水可以从这里流出去。

2-在第三个瓶子半截高的位置钻4个孔，孔的直径略小于吸管的直径。将吸管剪成合适的长度，并在里面塞上一块棉花。

3-将吸管塞进瓶身上的小孔里，弯曲的部分露在外边，然后用密封胶带将周围密闭起来，以免有水从这里漏出来。接着在瓶中装满水，并适量加入液态肥料。

4-将那4个被剖成一半的瓶子呈十字形安置在“蓄水池”的四周，在每半个瓶子里面种上不同的植物，再搭配上不同的培养质（棉花/种子、黏土球儿/小扁豆、土壤/薄荷枝条、沙子/洋葱），瓶中的水会一滴一滴地灌溉这4种植物，滋润其慢慢生长。

五六月份的市场

没错，大自然是慷慨的：在花园里和市场上，春天特有的那些鲜嫩而美味的蔬菜已极为丰富；而那些鲜红的水果也已悄然登场，为那些“贪吃”的美食家带来一年中第一拨甜美的味道。

食谱

用新土豆做的沙拉

准备时间：20分钟
烹制时间：12~15分钟

配料：

- 1千克新上市的土豆（肉质紧实）

调味汁配料：

- 香芹、细香葱、龙蒿
- 1汤匙芥末
- 3汤匙醋
- 4~5汤匙橄榄油
- 1个紫皮洋葱
- 1个小蒜头
- 1汤匙切碎的酸黄瓜或刺山柑花蕾
- 2小撮糖
- 盐，胡椒
- 5~6汤匙蔬菜汤（冷的）

1-将洋葱切成圆片，撒上糖和盐，搅拌均匀，然后腌制。

2-土豆不用削皮，只要稍微搓一搓，把表皮上的泥土弄干净就好，然后放入加盐的冷水中，将水烧开后，再煮12~15分钟。用一把锋利的小刀来试探下土豆的火候：刀尖能毫不费力地扎进去而不会让土豆碎掉就正合适。

3-准备调味汁：在一个大沙拉碗里，倒入芥末、醋、油、盐和胡椒，搅拌均匀。然后加入腌制好的洋葱和切碎的青叶菜、蒜瓣、酸黄瓜或刺山柑花蕾。酱汁可以根据自己的喜好来调味。

4-土豆煮熟后，把水沥干，用冷水冲洗后，再晾10分钟。把土豆切成厚厚的圆片，然后放进盛有调料汁的沙拉碗里，但不用搅拌，把提前准备好的蔬菜汤淋在上面，等土豆片将其完全吸收。

5-然后再把沙拉碗里的土豆和调料汁搅拌均匀，就可以享用了，冷热皆宜。

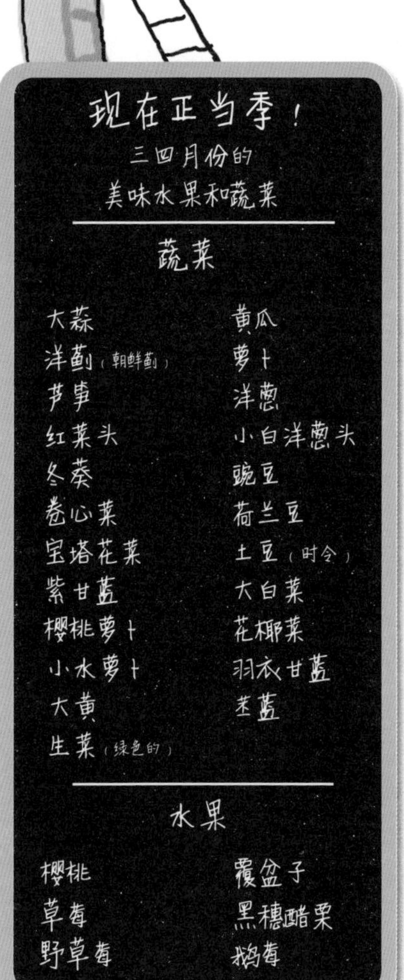

食谱 恺撒沙拉

1-将蒜瓣剥皮，去芽，捣碎，倒入4汤匙橄榄油，然后浸泡30分钟。

2-如果你打算用鸡胸肉做配料，需要先把它放在锅中，加上1汤匙橄榄油，把鸡胸肉正反两面分别煎5分钟，至金黄色，然后加盐，加胡椒，存放在一边备用。

3-将4片放硬了的面包片切成小块，放在同一口锅中，倒进加了蒜蓉的橄榄油中，炸成金黄色，存放在一边备用。

4-准备沙拉：将罗马生菜去根，把叶片切成大段儿，然后清洗干净，并把水沥干。

借助一个削皮器，将帕尔玛干酪擦成薄片。把剩下的一半干酪弄成碎屑，留着一会儿加到沙拉酱里。

5-准备沙拉酱：在一个碗里，加入蛋黄，一咖啡勺芥末，一小撮盐，三撮胡椒，用小搅拌器把它们搅拌均匀，然后慢慢倒入橄榄油。直到调料变得像蛋黄酱一般细腻黏稠。再往里加上白醋和干酪碎屑，再次搅拌均匀。最后加上几滴辣酱油。先尝尝看，再根据需要来进行调味。

6-在一个深盘里，铺上一层沙拉，盖上厚厚一层沙拉酱，不用搅拌。将煎好的鸡胸肉切成薄片铺在上面，再将炸好的面包小块连同帕尔玛干酪一起点缀在上边，最后淋上一层柠檬汁。

准备时间：30分钟
烹制时间：15分钟

配料：

- 罗马生菜
- 60克完整的帕尔玛干酪
- 辣酱油
- 1咖啡勺芥末
- 1个蛋黄
- 1颗柠檬
- 2汤匙白醋
- 橄榄油
- 1个蒜头
- 4片干硬的面包片
- 盐，胡椒
- 2条鸡胸肉

手工活 挪威锅

挪威锅（译者注：一种类似保暖箱的烹饪工具）是一种不需要使用太多能源的田园烹饪方式，却能带给小土豆无可比拟的味道！

1-拿一个木箱，在箱内的四周铺上密实的稻草。再做一个盖子，一块旧木板便是理想的选择，不过它的密闭性要足够好才行。

2-先把土豆放进高压锅里蒸。

3-当锅里的水开始沸腾的时候，立刻把锅端下来，放进木箱里，然后盖好盖子。

4-从锅中散发出来的热量，被很好地保留在挪威锅之中。如此一来，锅中的土豆得以继续加热直至变熟。

这种烹饪方法会为食物带来独特的味道，而且节省能源。

品尝鲜红草莓的乐趣

无论是原味的、加糖的、冰镇的还是做成果酱的，草莓都很美味。如果你带着孩子们一起去品尝不同品种的草莓，你会对它们丰富的口感有更直观的体会，那比想象中更美味。当然，仅限于当季的品种：佳丽格特、玛拉波斯、夏洛特、希福罗特、希格兰……

食谱

传统意式奶冻配草莓沙拉

1-将火炉预热到120℃。

2-把奶油倒入平底锅中煮沸。剖开香草荚，将里面果实的表皮刮掉，然后放入奶油中。搅拌均匀，并浸泡10分钟。

3-在蛋清里加入糖，不断搅拌，直到混合物呈泡沫状；然后慢慢倒入热奶油中，混合均匀。

4-将混合好的奶油分装在四个厚壁玻璃杯或四个足够高的小干酪蛋糕模子中，装到容积的四分之三位置即可。把装好奶油的器皿放进双层蒸锅，在120℃的火炉上蒸40分钟，此时杯中的奶油表面已经凝固，但中间还是像果冻一样软糯。把炉火关上，然后在常温下冷却15分钟，等杯中奶油晾凉后，再冷冻至少4小时，意式奶冻就做好了。

5-这段时间可以用来准备草莓沙拉：将草莓清洗干净，去梗，并切成小块儿。在平底锅中加入糖、一杯水和一些香料，熬成糖浆，然后煮5分钟，从炉火上端下来，把草莓放进去，盖上锅盖，在常温环境下浸泡2小时。

6-将糖浆过滤掉，只保留草莓。将意式奶冻杯和草莓摆在盘中，加入一点儿糖浆，再配上一片薄荷叶或马鞭草叶就完成了。

准备时间：20分钟
烹制时间：50分钟
放置时间：4小时

意式奶冻配料：

- 400毫升液态奶油
- 1根香草荚
- 4只鸡蛋（只保留蛋清）
- 50克糖

草莓沙拉配料：

- 250克草莓
- 20克糖
- 1枝丁香花苞
- 1瓣八角茴香
- 3粒黑胡椒（碾碎）
- 1小瓣肉豆蔻
- 1根小豆蔻荚（碾碎）

小窍门：如果想不切开草莓就轻松去掉它的梗，可以用一根结实的麦秆从草莓尖这边（即不长梗的一端）穿进去，把梗从另一端顶出去。

食谱

草莓果酱

快速、简单、香甜可口……没什么比这更好了！

准备时间：15分钟

配料：

- 500克香甜可口的草莓
- 2汤匙绵白糖
- 1汤匙半柠檬汁

1-将草莓清洗干净，去梗。

2-将处理好的草莓放进榨汁机里，再加入柠檬汁和糖，开始搅拌，直到变为果泥为止。尝一下，如果需要就再稍稍加一点儿糖。将果泥用滤网过滤一下，将其中的草莓籽儿去掉就完成了。

3-将做好的果酱冷藏起来，等到想吃的时候再拿出来即可。

园艺

草莓塔

在市场上，你会找到一种用来种草莓的坛子，就是一个大陶罐，在不同方向和不同高度上留有开口。将坛子里装满腐殖土，在最上面种上2~3株草莓，其他的开口处，每个里面种上1株。稍微浇些水，再施些液态肥，定期除除害虫，保证充足的阳光……现在万事俱备，在家中阳台上也可以种出美味的草莓了！

食谱

美味的草莓—香草冰激凌

准备时间：10分钟
放置时间：1个晚上

配料：

- 300克冷冻过的草莓
- 1罐酸豆乳或2罐奶酪
- 1汤匙液态香草精或1小袋香草糖
- 3汤匙砂糖

请注意：如果你没有功率足够强劲的搅拌机或榨汁机的话，就赶紧放弃吧，这道美食对设备的要求还是挺高的！

1-在前一天晚上，把草莓洗净、去梗，并切成四块，然后放进冰箱的冷冻室里。

2-将所有的配料倒进搅拌机或榨汁机里，先用较小功率搅拌一下，然后再用正常功率搅拌，直到混合物变成浓稠的奶昔状。

3-你可以立刻享用，也可以再放进冷冻室里冻2小时，令冰激凌进一步成形。

历史 远道而来的草莓

花园里美丽又美味的草莓是从哪儿来的呢？它们可不是基因突变的大个野生草莓。

野生草莓和我们花园里种植的草莓是两种植物。它们虽然是近亲，但从地理学的角度来看却相距甚远。野草莓可以说是法国土生土长的品种，它的历史已经很悠久了：早在2 200多年前，罗马人就开始种植它们了。在法国，18世纪初的时候，一个名叫阿梅代-弗朗索瓦·弗雷齐耶的人在一次旅行中带回了5株“智利白草莓”，又大又美味。他的一位同乡便开始在布列塔尼地区种植这种草莓，而且很快获得了成功。至于我们在花园里种的草莓，它们是由弗吉尼亚草莓和智利草莓这两个美洲草莓品种杂交而成的产物。它们在欧洲大陆第一次出现是在阿姆斯特丹地区，距今仅有250多年而已。

啊，花园里的美丽花儿们！

你家花园里种的这些花儿可真美，真的好美！但你其实还能让孩子们感到更惊讶……比如告诉他们这些花可以吃。当然，只要你在种花的时候，不使用化肥和农药就可以了。

食谱 鲜花沙拉

1-将生菜洗干净。同时也把鲜花都冲洗干净，然后放在吸水纸上小心地沥干，以免弄皱了花瓣。

2-对于像金盏花那样的大朵鲜花，只保留它的花瓣。再把旱金莲、虞美人、小西葫芦花这样中等大小的鲜花切碎。至于那些像鼠尾草的小花儿，则保持花朵的完整，不过要把所有的花茎和花梗（往往坚硬而味苦）都去掉。

3-用1汤匙醋加上3汤匙油，兑成醋汁，再加入一小撮精盐。

4-在一个沙拉碗里倒入调好的醋汁，然后依次放入奶酪丁、葡萄干、生菜，最后加入鲜花。

5-享用时，将沙拉搅拌均匀，然后在上面点缀几朵你提前预留好的完整花朵就行了。祝你好胃口！

花园里其他可食用的花卉，你也可以尝试加进来：比如蜀葵、秋海棠、大波斯菊、锦葵、甘蓝、薄荷、紫罗兰、三色堇、芍药……当然，你还可以尝试下细香葱或洋葱那带有蒜味的小花儿。

配料：

- 1棵生菜
- 4朵金盏花，4朵香豌豆花，4朵旱金莲，4朵小西葫芦花
- 4串鼠尾草的花
- 100克切成小块儿的甜奶酪
- 1小撮葡萄干
- 醋（苹果醋也行）
- 油（最好是橄榄油）
- 精盐

健康

要稍加小心

并不是所有植物都能食用。在花园里，也有很多植物是有毒的，比如土豆或西红柿的叶子，再比如乌头、银莲花、海芋、洋地黄、飞燕草和蓖麻等植物的叶子和花……

植物学

你恐怕并不知道……

你在吃洋蓟的时候，其实是在吃它的花儿，或者更准确地说，是在吃那些用来保护即将开放的花朵的苞片（硬硬的小叶片）。你在吃花椰菜的时候，是在吃它的花蕾；如果没被食用，那么不久之后，它们就会绽放出很多花儿来。

窍门

花儿也需要营养

当然啦，被采摘下来的一束束鲜花其实也是需要营养的。为了让它们绽放的时间更长，可以在水中加入一小块糖，花儿吸收了含有糖分的水，会枯萎得慢一些！

食谱

糖霜玫瑰花瓣

配料：

- 5汤匙糖
- 1个鸡蛋（只保留蛋清）
- 玫瑰花瓣（未经处理的）

1-把糖倒入搅拌机中，搅成介于细砂糖和糖粉之间的小颗粒状。

2-小心地将每一片玫瑰花瓣擦拭干净，然后借助一把细毛小刷子，将轻轻搅拌过的蛋清液涂抹在花瓣表面，再将花瓣放进糖粉里蘸一下，它的表面就会完全附上一层糖衣。

3-将花瓣都平放在盘中，并保证每一片花瓣都不会被其他花瓣覆盖。

4-在常温下风干10小时，或在不超过40℃的烤箱里烘3~4小时。

食谱

旱金莲摊鸡蛋

旱金莲的花儿有一股胡椒的辣味。

在锅中倒入油，并加热，然后磕两个鸡蛋在锅里，再倒入一些切碎的旱金莲花儿，四五分钟后就可以出锅了。

还剩下几朵花儿？将它们切碎，然后倒进加盐的黄油中，用叉子搅拌均匀，就变成了金莲花黄油！

装饰

伴有花香的冰块

选择一些小朵的鲜花，清洁干净后，分别放进制冰块的模具里，每个小格子里一朵花，然后倒上水，放进冷冻室。几个小时之后，冰块成形了，便可以加到各种清凉饮料里了。

如果使用紫罗兰、百里香、欧百里香、鼠尾草、薄荷或天竺葵的花儿，还可以使冰块变得芳香宜人。

美食

饮用凌霄花蜜

大部分管状鲜花都饱含大量的香甜花蜜，但有一种花可称为其中之最，那就是凌霄花——一种攀附在葡萄架或藤架上的装饰性植物。你一定不会忽视它的存在，那是一种如手指般细长的、橙色（接近于红色）的花儿。在采摘的时候，一定要竖直地拿着，否则花蜜就会流出来。还要确认你是不是花蜜的唯一享用者，因为通常情况下会有很多贪吃的竞争者，尤其是蚂蚁。有一个简单的方法确保你采摘的花儿没有其他客人到访：只要看看花的雄蕊和雌蕊是不是都非常整齐地紧贴在花冠上就好了。如果一切正常，那好，请笔直地拿着花儿，然后把花儿底部的小突起物和下面的绿色部分猛地拽开。接下来，你就可以吸食花蜜，细细品尝其中的滋味啦。

好玩儿的小豌豆

圆溜溜、青绿色、手感Q弹、表面光滑、经常滚得到处都是……这是在说某种玩具吧！当然不是，它很美味，并不装在盒子里，而且真的很新鲜……

食谱 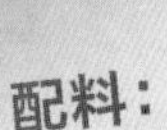

准备时间：15分钟
烹制时间：55~60分钟

配料：

- 300克用来做煨饭的圆粒米
- 300克带荚的新鲜豌豆
- 3根胡萝卜
- 60克帕尔玛干酪屑，可以多留一点儿，在吃煨饭的时候添加
- 150毫升鸡汤
- 3个洋葱
- 50克黄油
- 盐，胡椒

意式胡萝卜豌豆煨饭

1-剥去豌豆的豆荚，放在一边备用。用钢丝刷或削皮器把胡萝卜去皮儿，并切成1厘米见方的小块儿，然后将一小块黄油在锅中加热熔化，再把胡萝卜丁与豌豆一起倒入锅中炸一下。之后加入3汤匙水，加一点点盐，盖上锅盖，用文火炖3~4分钟。

2-将豌豆荚放入1.5升水中，加入1咖啡勺盐，然后煮大约30分钟。将豆荚捞出，将过滤好的汤汁放在一边，留着做煨饭的时候用。

3-在一口厚底的平底锅中加入30克黄油，用文火将洋葱薄片（不要绿色的）稍微煎一下。加入米，使米粒上面裹一层黄油，并变成半透明状，同时呈现出珍珠色泽。倒入鸡汤，轻轻翻炒搅拌均匀，使汤汁被米饭吸收，而多余的水分被蒸发掉。

4-用一个长柄大汤勺将滚热的豆荚汤（大概一共需要1升左右）一勺一勺浇在米饭上。一定要等一勺汤汁完全被吸收之后，再加入下一勺汤。在加汤的过程中，不断地翻炒搅拌。用文火煨10分钟之后，倒入豌豆和胡萝卜。

5-继续加入豆荚汤，直到把米饭煨熟。此时的米饭，里面微微发脆，外表则油亮浓稠。这大概需要15~20分钟。

6-关火，将帕尔玛干酪屑和剩余的黄油倒在上面，加入胡椒，如果有必要就再加一点儿盐，然后放置两分钟，使调料吸收一下，就可以食用了。

贪吃者的小窍门

别扔掉豌豆的豆荚！加上芦笋皮儿，2~3个土豆，和一小把新鲜的罗勒，一起放入盐水中煮30分钟。小心搅拌均匀，就能得到一锅美味的菜汤，冷热都可食用。

食谱

冰镇豌豆薄荷浓汤

1-在一口厚底的平底锅中加入适量橄榄油，将葱花儿煎至金黄色，然后倒入豌豆，翻炒搅拌，加入盐和胡椒；加入水或者蔬菜汤，烧到沸腾；再盖上锅盖，用文火咕嘟10~15分钟，然后把锅中的食物完全晾凉。

2-等晾凉之后，用搅拌器将锅中的食物打碎并搅拌均匀，然后加入薄荷叶，每次加入5片，然后尝尝味道，再根据情况来调味。

3-冷藏至少4小时。在食用的时候，加入液态奶油即可。

准备时间：15分钟
烹制时间：15分钟
放置时间：4小时

配料：

- 300克去荚豌豆
- 600毫升水或蔬菜汤
- 3汤匙橄榄油
- 1根分葱
- 15片薄荷叶
- 2汤匙液态奶油
- 盐，胡椒

植物学

豌豆的大家庭

干豌豆是什么？豌豆的远方亲戚吗？荷兰豆呢？另一个亲戚？并不是这样的！从植物学的角度来看，它们都属于同一个品种。干豌豆只不过是在完全成熟之后才晾干的豌豆，这时打开豆荚，你会发现豆子已自然裂成两半。至于荷兰豆，它是豌豆的一个特别变种（从烹饪的角度也有更多的优势），它的豆荚柔嫩脆口，我们一般会在它完全成熟之前就采摘食用，也被称作“菜用豌豆”。

玩具

用豌豆荚做的小船

这个小船制作起来很简单，很快就能完成：只要用一些细的叶柄或枝条把豆荚撑开，一艘小船就做好了。

不过，即使可以用豆荚做小船，孩子们还是会觉得剥豆荚是个苦差事，也难免会泄气，不妨再来做下面的游戏。

游戏

跳华尔兹的豌豆

用一根大头针从豌豆的中间穿过。拿一根中空的细管（可以是一根粗麦秆或一根芦荻秆），将带大头针的豌豆安放在细管儿的一端，让大头针的大头朝上并保持竖直，然后从细管的另一端有节奏地吹气。随着吹气越来越使劲儿，豌豆便会跳动起来，然后翩翩起舞！

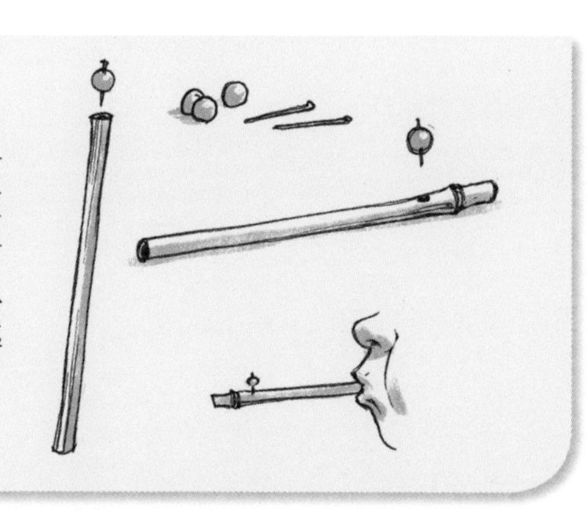

和彩蛋一起过个快乐的复活节！

对于孩子们来说，复活节就是一个可以在花园里寻找巧克力彩蛋的日子！当然，我们还可以借这个机会，使用鸡蛋来烹制美味的时蔬煎蛋，或者用植物来制作彩蛋。

食谱

微苦的美味摊鸡蛋

准备时间：30分钟
烹制时间：20分钟

配料：

- 8个鸡蛋
- 500克野生芦笋（至少要准备一把）
- 30克黄油
- 3汤匙橄榄油
- 盐，胡椒

在三四月份，野生芦笋会从法国南部的各种斜坡上或荆棘丛里冒出尖儿来。另外，你也可以采摘刚刚长出来的欧薯嫩苗，同样美味，只是略带苦味！你可以一边采摘一边直接嚼着吃（没错，它是苦的，但谁说苦味的蔬菜就不能美味呢），或者用它们来做一道春天独有的摊鸡蛋。

1-在找到野生芦笋之后，你得精心挑选一下：每根芦笋只保留鲜嫩美味的笋尖儿（大概4~5厘米）。

2-将挑选出来的芦笋放到漏勺里冲洗干净并沥干，然后在锅里倒上橄榄油和黄油，把洗净沥干的芦笋倒进锅里，用中火煎5分钟。

3-接着先加入半杯水，把芦笋煮熟，再加满水，用中火煮10~15分钟。

4-在此期间，把鸡蛋磕进沙拉碗里，加一点点水，然后打成蛋液，加入盐和胡椒。

5-当锅里的水变少后，将芦笋和剩下的汤汁倒进沙拉碗中，使蛋液呈现芦笋的颜色，然后放置5分钟；再将碗里的鸡蛋和芦笋连同汤汁一起倒入锅中，加热5分钟就好，不要太长时间，这样你便可以做出流黄儿的摊鸡蛋了。

活动

让孩子们看看一共有多少种颜色的彩蛋

需要：

- 新鲜的蛋
- 1个果酱盆（制作果酱用的盆）
- 洋葱皮
- 咖啡渣，或者菊苣切成的小粒儿
- 红菜头
- 常春藤的叶子
- 香芹

15分钟的“桑拿浴”

给蛋壳上色，方法很简单：将一种植物放到水里煮15分钟，得到一种带有植物色素的合成染色剂。然后将蛋放进去，再煮15分钟。

这样一来，蛋就染好色了（至少蛋壳已经上色完毕），而且也煮熟了！当然，如果想得到不同颜色的彩蛋，可以换一种植物重新来过。

最好的染料

*如果想要黄色的蛋壳，可以使用洋葱皮、黄水仙或杨树芽。

*想要棕色的蛋壳，可以用菊苣，但用常春藤的叶子也能达到差不多的效果。

*想要红色的蛋壳，没什么比红菜头（就是红色的甜菜）更好的了。

*想要绿色的蛋壳，可以在水里加入切碎的香芹或荨麻的叶片。

小窍门：

要想达到更理想的效果，请选择那些白色蛋壳的蛋，比如鸭蛋、鹅蛋……

游戏 让彩蛋滚起来！

这是一个复活节的传统保留节目，恰恰要用到那些刚刚做好的彩蛋。在一块木板上，孩子们用自己的彩蛋去撞击其他小伙伴的彩蛋。谁的彩蛋撞破的蛋最多，谁就是胜利者！

变化：也可以比谁的彩蛋滚得最远，谁就是胜利者。

历史 挂着鸡蛋的树枝

在欧洲中部和东部地区，人们还保留着关于复活节彩蛋悠久的传统习俗。这些彩蛋象征着永生或复活，把这些彩蛋悬挂在开花的树枝上，意味着这个春天最盛大节日的来临。“复活节之树”上总是装饰着钻了孔的空蛋壳（蛋清和蛋黄都从孔中排出去了），人们用鲜艳的颜色在上面勾画出不同的几何图形（请准备好画笔和毡笔）。画好后，人们便会把它们挂在开花的树枝上。为了悬挂这些蛋壳，可以先把一根细绳拴在火柴的中间，然后从蛋壳上的小孔里穿进去，这样，火柴就能被卡在蛋壳里了。

小窍门：

要想在鸡蛋上钻孔，却不打碎鸡蛋，可以用一根粗一点儿的针在蛋壳上先扎一个小眼儿，然后再用一把小的十字改锥使小孔一点点变大。

餐盘中的春光

啊，春天来了！金合欢花开啦，一簇簇开得茂盛；在灌木丛中的鸟窝里，雏鸟在等待着破壳而出；各种植物的种子也纷纷发芽，树木长出了嫩枝……而这一切，都可以出现在孩子们的餐盘之中。

食谱 复活节的“鸟巢”

必不可少的器皿：硅胶松饼模具；如果你选择纸质模具，在使用之前要先把它浸一下油。

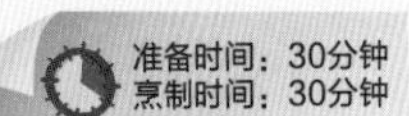

准备时间：30分钟
烹制时间：30分钟

配料：

- 12个鹌鹑蛋
- 7汤匙红菜头汁
- 7汤匙酱油
- 250克肉质紧实的土豆
- 1汤匙淀粉或玉米粉
- 1咖啡勺辣椒粉
- 盐，胡椒

将烤箱预热到200℃。

1-在前一天晚上，将鹌鹑蛋放到500毫升加盐的沸水中煮3分钟。然后把它们放在清水中洗净，并剥掉蛋壳。

2-把4个鹌鹑蛋放到一口小锅中，加入红菜头汁，再加入几勺热水，直到没过鹌鹑蛋的一半高度；用文火煮5分钟，并不时地往鹌鹑蛋上浇汁。煮好后，将鹌鹑蛋和红菜头汁一起倒入蛋糕模具里，浸泡3小时，时不时地翻动鹌鹑蛋，以使它们上色均匀。接着再拿另外4个鹌鹑蛋重复同样的做法，这次配料换成酱油。剩下4个蛋为本色。然后把所有的蛋用吸油纸擦干，再将12个蛋分开放进冰箱里（如果操作正确，那么现在应该是有4个红色的蛋、4个黄色的蛋和4个保持本色的蛋）。

3-第二天，开始准备“鸟巢”。将土豆削皮，并切成薄的圆片。把切好的薄片放在手中按压，最大限度地将其中的水分挤压出来。然后加盐和胡椒，再撒上混有辣椒粉的淀粉，仔细搅拌均匀。

4-将脱水的土豆片不规则地摆放在松饼模具里，让它们都贴靠在模具的四壁，做成4个“鸟巢”。

5-将它们放到烤箱里，在200℃的温度下烤10分钟，然后调到180℃的温度下再烤5~10分钟。等到土豆烤成金黄色时，把“鸟巢”从烤箱里端出来。如果土豆已经熟了，但还没有完全变成金黄色，可以再放到烤架上多烤1~2分钟。

6-将鹌鹑蛋摆放到“鸟巢”里（每个“鸟巢”里各有一种颜色的鹌鹑蛋），然后把“鸟巢”放到拌好的蔬菜沙拉上面。这样，春天的景象就呈现在餐盘之中啦！

食谱  蛋黄酱什锦蔬菜蛋

准备时间：15分钟
烹制时间：10分钟

配料：

- 8个鸡蛋

蛋黄酱的配料：

- 1个蛋黄

- 1咖啡勺芥末

- 油

- 盐，胡椒

- 10段细香葱

- 5段香芹

1-将鸡蛋放到沸水中煮10分钟，然后放到冷水里冲洗干净。

2-用前一页提到的那些配料来调蛋黄酱，然后加入切成碎末的香芹和细香葱。

3-剥掉鸡蛋壳，然后再把鸡蛋纵向切成两半，取出蛋黄部分。

4-在一个汤盘中，用叉子将蛋黄捣碎，其中一半和蛋黄酱搅拌到一起，另一半则放在一旁备用。

5-将搅拌好的蛋黄酱装进切成两半的蛋清里，然后把剩下的碎蛋黄撒在上面。

6-将鸡蛋放到生菜叶子上，再点缀一些香芹，就完成了。

手工 头上长草的鸡蛋

把鸡蛋吃完后，可别把那些半拉的蛋壳扔掉（这里指的是那些上面没有裂纹的蛋壳）。用一点儿热水把蛋壳的里面清洗干净，在蛋壳里装满泥土肥，然后种上一些像小扁豆或水田芥这样长得很快的小棵植物。在蛋壳表面画上人脸，将这“一大家子”都安置在窗户边上，时不时浇点儿水。两三天后，绿色的“头发”就从这些小小的“脑袋”上长出来了。再过一些天，头发就长到能够打理出时尚发型的长度了。

小窍门

生鸡蛋还是熟鸡蛋?

糟糕！煮了一些鸡蛋，可是淘气的孩子们把它们和生鸡蛋混到一起了……别发愁，拿起一个鸡蛋，然后让它像陀螺一样在桌子上旋转起来。若它转得飞快，那么这是一个熟鸡蛋。若它很快就慢下来了，那么这是一个生鸡蛋，因为蛋清的阻力让旋转迅速地停了下来。这个检验鸡蛋生熟的方法和哥伦布竖鸡蛋一样简单！

巧克力，源于植物的美味

当人们提到复活节的时候，总会提到巧克力，两者总是紧密联系在一起，无法分割。借此机会，何不尝试着跟孩子们一起亲手制作巧克力，来共同实践那些复活节的经典传统呢？不论是准备过程还是品尝环节，都会让孩子们很有兴趣，有些准备好的菜肴甚至会被一扫而空！

历史

巧克力从哪里来？

哦，不，不是来自瑞士的阿尔卑斯牧场，更不是来自罗马的教堂挂钟（挂钟的颜色和巧克力相似），而是来自一种植物！

它的历史可以追溯到2 500多年前中美洲的玛雅国。当时，人们种植可可树来获取可可豆，并从中提取一种饮料，再加入蜂蜜、辣椒和其他配料。不过那时，它还不是我们所熟悉的香甜可口的热巧克力。

然而到了1520年，西班牙征服者们在这里发现了这种被称为“苦水”的饮品，并将它带回了欧洲。此后，这种饮料很快就流行开来。

到了17世纪中叶，巧克力变成了我们所熟悉的固态小甜食。然后，又过了两个世纪，那些我们今天耳熟能详的巧克力品牌出现了：万豪顿、甘椰、苏查德、梅尼耶、雀巢、科勒、瑞士莲、布兰……

食谱

准备时间：30分钟
烹制时间：10分钟
放置时间：6小时

巧克力蛋

配料：

- 6个鸡蛋（连同包装盒一起）
- 100克黑巧克力
- 100克牛奶巧克力
- 6汤匙液体奶油

1-将鸡蛋掏空：用一根针在每个鸡蛋的顶端钻一个小孔，然后在另一端用同样的方法钻一个稍大的洞。用力吹上面的小孔，蛋清和蛋黄便从另一端那个小洞中流出来了！

流出来的蛋清和蛋黄可以用来做摊鸡蛋。

小心地将空蛋壳里面清洗干净。

2-把巧克力块放到锅中加热熔化成液态，然后加上液体奶油，并搅拌均匀。

3-借助一个由硫化纸制成的漏斗，将蛋壳用巧克力灌满（从较大的小洞那边灌入）。

4-将灌好巧克力的鸡蛋装回盒子，然后放进冰箱里冻至少6小时，使它成形。接下来就剩下剥蛋壳这一道工序了，而这个步骤，孩子们能够做得很好。

食谱

不可思议的巧克力糕点

准备时间：20分钟
烹制时间：35~45分钟

配料：

- 200克黑巧克力
- 1汤匙苦可可粉
- 3个鸡蛋
- 100克糖粉
- 1个小西葫芦（果肉约200克）
- 70克面粉
- 几滴香草精
- 半小袋酵母
- 1小撮盐

用小西葫芦代替黄油也能做出美味的巧克力！这种小糕点易于消化又营养丰富，是让孩子们摄入蔬菜的绝妙方法！

1-将烤箱预热到180℃。

2-将小西葫芦洗净、削皮，然后切成细丝儿。

3-在一口厚底的小平底锅中，加入2汤匙水，然后把巧克力放进去，用文火熔化开来。

4-把鸡蛋连同糖和香草精搅拌在一起，加入切成丝的小西葫芦、面粉、酵母、盐、熔化的巧克力和可可，然后搅拌均匀。

5-将搅拌好的面糊倒进涂有黄油和面粉的模具里。

6-在180℃的温度下烘焙10分钟，然后将温度调至160℃，再烘焙20~25分钟。用刀尖儿试一试糕点是否熟了：如果刀尖儿能干干净净地拔出来，就可以了。冷却后将糕点从模具中取出来，就可以享用了。

窍门：如果希望糕点更好消化一些，可以将蛋清打成泡沫状，再倒进面糊中。

植物学

从一棵大树到一板巧克力

在可可树的树干上，长着很多奇形怪状的小疙瘩，每个小疙瘩里面都包含有50多颗可可豆。可可豆被采摘下来后，先发酵再晾干，然后被装进大袋子运送到巧克力作坊那里。接下来这些可可豆会像咖啡豆一样先经过烘焙，然后被捣碎，得到一种液态的可可浆，冷却后凝固成块，称为可可液块，再经过压榨，可以得到可可脂和可可饼块。可可饼块经过挤压和研磨，便得到巧克力粉。接下来就是巧克力工匠的工作了，他们会把这些巧克力粉变成一板一板的巧克力。

美食

巧克力树叶

1-选取4~5片不同形状的树叶，清洗干净，在上面薄薄地抹一层油。

2-用小火将巧克力熔化，加上一点儿奶，然后将熔化的巧克力倒在树叶上。

3-等到它完全冷却后，轻轻地把树叶揭掉。看！巧克力做的树叶！

食谱

巧克力慕斯

准备时间：30分钟
放置时间：4小时

配料：

- 175克黑巧克力
- 20克糖
- 1个新鲜的蛋黄
- 4个鸡蛋的蛋清
- 80毫升牛奶
- 1小撮盐

1-将巧克力掰成小块，或者掰碎，然后放到一个沙拉碗里。将牛奶煮开，倒入装着巧克力的沙拉碗里，借助一把抹刀或锅铲，将牛奶和巧克力搅拌在一起，直到巧克力完全熔化并变得丝滑。

2-加入蛋黄，然后搅拌均匀。

3-把蛋清打成泡沫状，加一点点盐。静置一下，然后撒上一些糖，再继续搅拌一会儿。

4-慢慢将四分之一的蛋清液倒进巧克力中，等到完全被吸收进去之后，再慢慢倒入一些，直到把所有蛋清液全部倒进去为止。

5-把搅拌好的混合物倒进小玻璃盅或小罐里，然后冷冻至少4小时。

谢谢勤劳的小蜜蜂们！

勤劳的小家伙们，它们把时间都花在了花丛中，在采集花粉时也采集花蜜，然后酿成蜂蜜，它们带给我们无尽的快乐！所以，当我们享用这些美味蜂蜜的同时，别忘了感谢一下它们的主人哟！

食谱　蜜汁烤鸡腿

准备时间：15分钟
放置时间：2小时
烹制时间：50~60分钟

配料：

- 4个鸡腿
- 3个大洋葱
- 2汤匙酱油
- 1汤匙橄榄油
- 1汤匙粗红糖
- 1汤匙辣椒粉
- 3小撮干辣椒末或红辣椒末
- 3小撮小茴香籽
- 1咖啡勺蒜蓉或是一个切碎的蒜瓣
- 盐，胡椒
- 1汤匙蜂蜜

1-将烤箱预热到210℃。

2-在一个小碗里，倒入酱油、橄榄油、粗红糖、辣椒粉、干辣椒、小茴香籽、蒜蓉等，搅拌均匀，再加上盐和胡椒。用一把小刷子在鸡腿的表面刷上一层调好的料汁，然后放进冷藏室里至少2小时。

3-将洋葱剥好皮，并切成薄片，然后摆放在烤盘的底部，稍微加一点盐和胡椒，加入半杯水或者蔬菜汤。将腌渍好的鸡腿放在洋葱上，然后放入烤箱烤制20分钟。

4-当鸡腿开始变成金黄色时，从烤箱中取出，在鸡腿表面刷一层蜂蜜，然后再放入炉中烤15分钟。根据鸡腿的不同大小，将上面的步骤重复一到两次，直到鸡腿完全烤熟为止。必要的话，可以在洋葱上加一点点水。如果希望鸡腿的表皮更加酥脆金黄，可以在食用前再放在烤架上烤5分钟。

健康　花粉：好东西……但也并非十全十美

因为富含蛋白质、维生素、微量元素和脂肪酸，花粉拥有很高的药用和美容价值。它们能增强抵抗力，促进肠道消化，抗疲劳，保持肌肤、指甲和头发的美丽与健康，再没什么比这更好的了！

不过，很不幸，它也有一个缺点：它的味道尝起来就像干草，简直让人难以下咽。所以，你可以试着把它和蜂蜜一起冲水喝，这样也许孩子们能够接受。

食谱 香料面包

准备时间：15分钟
烹制时间：40～50分钟
放置时间：30分钟

配料：

- 100克黑麦面粉
- 100克小麦粉
- 200克液态蜂蜜（洋槐花蜜或椴树花蜜）
- 30克略带咸味的黄油
- 30克粗红糖
- 150毫升全脂牛奶
- 1小袋酵母
- 2小撮小苏打
- 1小撮盐
- 2咖啡勺混合香料（香料面包专用香料包或四香料）

1-将烤箱预热到160℃。

2-在一个沙拉碗里，倒上面粉、酵母、小苏打、盐和香料，搅拌均匀。

3-在一口锅里加入牛奶，再倒入蜂蜜、粗红糖、黄油，然后用文火加热使它们熔化。将混合好的蜂蜜牛奶倒进面粉里，用打蛋器不停搅拌，直到面糊变得均匀顺滑为止。将搅拌好的面糊饧30分钟。

4-将面糊倒进蛋糕模具里，然后放到烤箱里烤制40~50分钟，可用一根牙签试试面包的成熟度：如果牙签被拔出来的时候不粘东西，就可以出炉了。

大自然

小蜜蜂的大功劳

蜜蜂采集的花粉来自花的雄蕊，就是花的雄性器官。每当蜜蜂穿梭于花丛中采集花蜜的时候，都会有意无意地蹭到这些雄蕊，所以身上、腿上总会沾满花粉。而当它们造访另一朵花的时候，身上的花粉便可能会落在花的雌蕊（花的雌性器官）上，于是便完成了花的授粉工作。正是由于蜜蜂这些无意的举动，我们日常所食用的80%的水果和蔬菜才得以长大成熟。

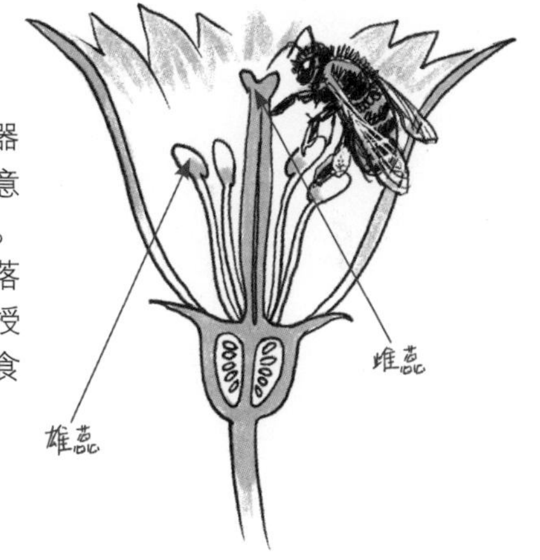

园艺 种植花草引蜂来

如果想让花园里的鲜花、蔬菜和水果都更加茂盛，你需要这些传播花粉的昆虫的帮助。所以，要想办法把它们吸引到你家花园来！不必担心，它们不会伤人。

要怎么做呢？当然是为它们提供“可口的美食”啦。对，就是蜜源植物，即那些花朵会产生大量花粉和花蜜的植物。

这些贪吃的小家伙一定禁不住诱惑，而且它们也不会拒绝顺便到旁边的花丛里做客。所以，你可以考虑这么布置花园：比如，在一棵苹果树周围种上一圈郁金香，就是一个确保苹果丰收的好办法。其他的蜜源植物，有沙铃花（要使用绿色肥料）、虞美人、桂竹香、紫罗兰、报春、勿忘我……这些花都很漂亮呢！

樱桃：红润多汁，甜美可口……

啊，美丽的五月，繁花似锦，枝茂叶绿，阳光和煦，一切都如此美好……还有那些樱桃，对于美食爱好者来说，也是美好的一部分！千万别错过了品尝这脆甜可口的水果的季节，因为它是那么短暂。

食谱

樱桃蛋糕

1-将樱桃洗净，去梗，晾干。

2-将烤箱预热到180℃。

3-将鸡蛋放进沙拉碗里打散，撒上糖，搅拌均匀，一点一点地加入筛过的细面粉和香草糖，再加入牛奶，然后仔细搅拌均匀。

4-将樱桃放进一个提前涂好黄油的（不太深的）模具里，再倒入搅拌好的面糊。

5-根据蛋糕的大小和厚度不同，需要烤制的时间也不同，一般为40~45分钟或者更久一些。然后用一根牙签扎一下蛋糕，看看它是否熟了：牙签被拔出来的时候应该是没有东西粘在上面的。

6-将蛋糕从烤箱里取出来，根据你自己的口味在上面撒上或多或少的糖霜，然后就可以享用了，冷热皆宜。

配料：

- 500克樱桃
- 2个鸡蛋
- 4汤匙半糖霜
- 2汤匙半面粉
- 130毫升牛奶
- 1小袋香草糖
- 15克黄油

历史

强化训练

在法国有一个很奇怪的传统项目：吐樱桃核比赛。所有举办樱桃节的法国地区，都会组织这个既特别又有趣的游戏项目。赛场上划出一块二三十米长、一两米宽的赛道，参赛者自带樱桃核来一较高下。冠军一般可以达到9~14米的距离。你呢？要不要和孩子们也比比看？

食谱 樱桃冰块

采摘（或者购买）一些樱桃，留着它们的柄，将它们分别放入制作冰块的模具里，然后倒上水，再放进冷冻室里，就搞定了！这既是一个方便取出冰块的好办法，也是让饮料更加缤纷和美味的好主意。

游戏 挤压，吮吸，装饰

弹果核

将果核捏在两个手指中间，使劲挤压，使果核飞弹出去。谁的果核弹得最远，谁就获胜——没有比这更简单的游戏了。

“小棒棒糖”

拿一个熟透了的酸樱桃，用手指用力捏住果肉，然后轻轻拽果柄，可以把果核连同果柄一起拽出来，这样你就拥有了一颗“小棒棒糖”了。果核上残留的果肉够你吮吸一阵，而且不会伤到牙齿！

耳环

樱桃总是成对生长的，两颗樱桃的果柄总是连在一起。只要把它们夹在耳朵后面，就变成了一个有趣的耳环吊坠。不过，得小心那些贪吃的乌鸫……

历史 大家都爱吃樱桃

我们并不是唯一喜欢樱桃的人。在大自然当中，从睡鼠到狐狸，再到麻雀和乌鸦，大家都对樱桃很着迷，而这其中最贪吃的莫过于椋鸟了。如果一群椋鸟飞过，樱桃树就好像经历了一场大劫！为了避免这种情况，必须要在樱桃树旁安放一些吓鸟的稻草人。每当有风吹过，这些稻草人便会跟着活动，或者发出声响，吓退椋鸟。而靠卖水果为生的果农们甚至会买那种专门用来轰撵椋鸟的空气炮来惊吓这些强大的对手！

名言

他们都这么说

“小心！不要把樱桃核吞进去，否则你的肚子里会长出一棵樱桃树的！”虽然这么说很荒唐，但还是要感谢这句话，因为效果显著，很多家长都用它来阻止孩子们吞食樱桃核。你要不要也尝试下用同样的方式来对付你家的小淘气们呢？

植物学 盛产美食的大家族

真令人吃惊，樱桃在植物学范畴也是属于蔷薇科的，就像其他很多果树（苹果树、梨树、杏树……）一样。李子树和樱桃树是近亲，而且它们在拉丁语中都是同一个名字“*Prunus*”。在欧洲，野生樱桃树有好多品种，比如甜樱桃、稠李和圆叶樱桃。其中，最后一种樱桃树的果仁能提炼出一种用于制造香水的精油。

了解了这些植物学概念中的不同分支，我们再来看看人类种植培育的樱桃品种——竟然多达600多种！

*毕加罗樱桃，有两种颜色。这种樱桃口感很甜，但果汁不多，是最先成熟的品种。

*（长柄）黑樱桃，它们更甜、更多汁，可以直接食用，也可以做水果派、樱桃蛋糕、果酱或果泥。

*酸樱桃，它们的口感很酸，可以用来做水果派、果酱和果子酒（果子酒是成年人很喜欢的一种酒精饮料）。

用蔬菜祝你节日快乐!

父亲节和母亲节就要到了，孩子们一直在思考要为父母准备什么样的礼物。不妨试着用蔬菜来制作花束或者肖像吧，这可比用面条做的项链精致许多！而且，作为礼物的使命完成后，还可以被全家人吃掉。

手工

用蔬菜制作肖像

●让孩子们用文艺复兴时期意大利画家阿尔钦博托的方式，为自己的父母制作一幅肖像（父母可以协助孩子），而且是用水果和蔬菜……就这样，你觉得我是在“开玩笑”吗?

●让孩子们先来选择一个“大块头”的蔬菜，作为脑袋的雏形，如甘蓝、菜花、南瓜、西葫芦等。

●收集所有那些可以用来作为肖像某一部分的蔬菜和水果，如绿色的芹菜、韭葱或生菜等可以制作头发，花椰菜、蘑菇、水萝卜、土豆、萝卜、小柑橘等用来制作面部的其他部分。

●为“脑袋”找一个稳固的支撑物，比如一个小木条箱、一个倒过来放置的萨瓦兰蛋糕的模子或是一个花盆。

●用牙签或小木钎子将绿色蔬菜固定在脑袋的上边，然后把花椰菜固定在两侧，再用蘑菇或杏干当作眼睛，用一个长土豆、一根婆罗门参或一根红辣椒作为嘴巴。你看，其实有太多的选择。这个游戏的原理，是利用造型的相似性。比如，可以用半个西红柿来刻画妈妈红扑扑的脸颊，用杏仁来模仿爸爸的杏核眼。

创造

来自菜市场的“花束”

所需物品：

- 一个小筐（或一个篮子）
- 一大块塑料泡沫
- 剪刀
- 一把小刀
- 酒椰叶纤维（或者厨用细绳）
- 牙签
- 一些蔬菜……

这是一束蔬菜，绝对比一束鲜花要有创意得多，而且它们是如此美丽和美味!

桌花

1-找一大块塑料泡沫，大小刚好能勉强塞进你选择的容器，并把它垫稳。

2-在摆放蔬菜的时候，要遵循下面的原则：永远把体积最大的放在后面，而最小的放在前面。所以，可以先用牙签把胡萝卜或芦笋固定在最后面，然后依次往前摆放，选用的蔬菜在体形上也越来越“娇小”。

3-在各种蔬菜之间的空隙里，塞一些香芹或胡萝卜缨子，一点点绿色的点缀可以让你的作品更有生机。

4-将作品摆放在桌子上，嗯，稍微往后挪一点点，好，现在的位置还满意吧，那么就不要再移动它啦。

食谱

春天的例汤

好吧，毕竟我们不能浪费这些蔬菜。

节日已经结束了，是时候把所有这些美丽而新鲜的蔬菜变成一碗美味的例汤来让大家分享啦！

准备时间：15分钟
烹制时间：30分钟

配料：

- 1个南瓜或西葫芦
- 2小把萝卜缨子
- 1根胡萝卜
- 1个洋葱
- 1个土豆
- 1块浓缩的固体蔬菜汤料或鸡汤料
- 1汤匙鲜奶油
- 50克咸味的鲜奶酪

1-在锅中加入1升水，然后放进一块浓缩汤料，一起煮沸。

2-将蔬菜清洗干净（正常来说，如果这些蔬菜刚被用来制作肖像或花束，那么它们其实已经被洗过了）。将胡萝卜和土豆削皮，然后切成丁；将洋葱剥皮，并切成薄片；将南瓜或西葫芦切成1厘米厚的圆片；摘掉水萝卜的缨子。

3-将洋葱、胡萝卜和土豆放进沸水中，煮15~20分钟；再加入南瓜或西葫芦片和萝卜缨子，继续煮10分钟。

4-舀出1~2勺汤，盛在碗里；在蔬菜里加上鲜奶油和鲜奶酪，然后倒进榨汁机或搅拌机里（别装太满，以免飞溅出来）搅拌均匀；如果需要的话，可以再加一点汤。

圆形花束

1-将所有蔬菜都摆放在桌子上，并按照个头排序。

2-先选择2~3种体形较长的蔬菜拿在手里，比如带缨子的胡萝卜。然后，就像打造一束鲜花一样，一样一样地添加蔬菜，每添加一种蔬菜就把花束转动四分之一圈。这样，蔬菜会平均地分布在花束四周。

3-等到你觉得花束拿起来有些费力的时候，用酒椰叶纤维将它系好，并多缠绕几圈。然后再把一些小个的蔬菜插在长铁丝上，嵌到整个花束之中。

4-最后，用洗净的甘蓝叶子包裹在花束的外边，再用酒椰叶纤维系好，你可以选择打一个漂亮的蝴蝶结。

所需物品：

- 一把小刀
- 酒椰叶纤维（或者厨用细绳）
- 牙签
- 细铁丝
- 一些蔬菜

技巧 别弄混了

请注意，别被它的名字蒙骗了，“蔬菜包”并不是用来食用的。对于厨师来说，它是一种由各种芳香类植物或蔬菜组成的料包，是用来在炖肉或者炖鱼的时候放在锅中增加肉和鱼的香味的。如果你也想自己做一个，可以选用百里香、香芹、月桂、洋葱、胡萝卜、韭葱和丁子香干花蕾串。如果是用来做鱼的时候添加，你可以再加上小茴香和龙蒿。

夏天……

夏日的水果市场

色彩缤纷，香甜可口，芳香宜人，琳琅满目……夏天来了，也带来了它的水果盛宴！我们即使不用烹饪，也可以尽享美味；我们还可以用它们来准备一些清爽的美食。总之，欢迎来到炎热的夏日！

现在正当季！

夏季的美味水果

杏	甜瓜
越橘	桑葚
巴旦杏	蓝莓
香蕉	油桃
鹅莓	苹果
黑加仑	榛子
柠檬	西瓜
无花果	桃
草莓	李子
覆盆子	番茄

食谱

柠檬水和浆果冰块

准备时间：15分钟
烹制时间：15分钟
放置时间：2小时

制作1升柠檬水的配料：

-1升水
-100克糖
-3个完整的柠檬
-4小串醋栗
-10个覆盆子
-4小串黑加仑
-4株薰衣草或15片薄荷叶（马鞭草亦可）

1-准备冰块：在制作冰块的模具里的每个小格子里都放上几颗浆果，有的可以搅拌下，有的直接放进去，然后倒上水，再放到冰箱里。

2-在一口锅里加上糖和水，搅拌，使糖溶化，然后将水煮沸。将火调小，让糖水在文火下煮5分钟。关火。在锅里加上薰衣草（加薄荷叶或马鞭草也行），然后盖上锅盖，浸泡1小时。如果你不希望给柠檬水添加香味，那么就简单地等糖水冷却即可。

3-削两个柠檬，将柠檬片放进锅里，加一些冷水，把水烧开，稍微煮几分钟，然后冲洗干净。如此重复两次，然后把煮过的柠檬片保存在一边。

4-拿3个柠檬，挤压出柠檬汁，然后把柠檬汁连同柠檬片一起放进搅拌机或榨汁机里搅拌均匀。

5-等薰衣草浸泡到一定时间之后，将它捞出来，然后把搅拌好的柠檬汁倒进糖水里。滤掉残渣，将过滤后的柠檬水装进瓶子，然后冰镇至少2小时。再加上浆果冰块，就可以品尝到美味又好看的柠檬水了。

食谱 桑葚沙冰

准备时间：15分钟
放置时间：1个晚上

配料：

- 500克桑葚
- 80克粗糖
- 300毫升水
- 2汤匙柠檬汁

1-头一天晚上，将桑葚冲洗干净，放进搅拌机或榨汁机的小碗里，然后直接放到冰箱冷冻室里。

2-把糖和水混合搅拌，制成糖水，冷却后加入柠檬汁。

3-将糖水倒进装着桑葚的搅拌机专用小碗里，然后用搅拌机仔细搅拌均匀。

4-将搅拌好的糖水果泥倒进一个不太深的金属盘里，然后放进冰箱冷冻室。在4小时内，时不时地用叉子搅拌一下，使果泥变成小冰碴状，而不是完整的冰块。最后再将冰沙从盘子的四周拢到中间。食用的时候，可以再点缀上一片薄荷叶。

小贴士：你可以使用不同的夏日水果来制作沙冰：西瓜、甜瓜、桃子、覆盆子、草莓……

游戏

种类繁多的番茄

带孩子们去市场，给每人一张纸和一根铅笔，然后给他们布置任务：记录下他们看到的所有番茄的种类，并且描述下这些番茄都长什么样（颜色、形状、呈现形态——成串的还是零散的）。回到家后，查看一下每个人完成的情况：记录下最多番茄种类的孩子就是优胜者！当然，保险起见，首先你得先仔细记下来都有哪些种类的番茄：黑李子番茄、牛心番茄、绿斑马番茄、克里米亚黑番茄、菠萝番茄、伯尔尼玫瑰番茄……你想不想用它们来制作一道五彩缤纷的沙拉？

食谱

果酱冻

准备时间：1天
烹制时间：10分钟

配料：

- 1杯小水果
- 1片食用明胶
- 6汤匙糖粉
- 1个柠檬

1-采摘约一杯量的水果，然后捣碎。

2-加入3汤匙糖，搅拌均匀。然后倒入锅中，煮沸1分钟，在煮的时候要不断搅拌。

3-加入一片食用明胶，再加3汤匙糖和1大勺柠檬汁，放火上加热片刻，搅拌均匀。

4-把搅拌好的水果糊倒进搅拌机里搅拌均匀，然后把搅拌好的混合物铺在一个涂过油的盘子中，放进冰箱冻几个小时。

5-将冷冻过的水果糖饼铺在砧板上，然后切成方形、三角形或星形等不同形状，最后在上面再撒上一层糖粉——果酱冻就做好了。

游戏 水果熟透了没有？

去市场挑选一些香瓜、桃子或杏子之类的芳香类水果。先挑一些熟透的和没太熟的，让孩子们闭上眼睛闻一闻，然后让他们猜猜看哪些水果是熟透了的。告诉他们正确答案，接着再让他们闻一次。没错，靠嗅觉，孩子们便记住了这些水果的气味。至于到底要买什么样的水果，当然是买那些熟透了的啦！

夏日的蔬菜市场

青椒、小西葫芦、茄子、西红柿……夏天有这么多种蔬菜，你恐怕很难让孩子们爱上那些蔬菜罐头了。那么，就尽情享用新鲜的蔬菜吧

食谱

意式腌红椒

准备时间：15分钟
烹制时间：30分钟
放置时间：4小时

配料：

- 4个熟透的大个红椒
- 200毫升初榨橄榄油
- 2个蒜瓣
- 1汤匙鲜牛至
- 1个小米椒（根据自己的口味，随意放）
- 盐

1-将烤箱预先加热到200℃。

2-将红椒洗净晾干，放在一个铺好烘焙油纸的托盘上，然后放在烤箱内烤制大概30分钟，每10分钟翻一次面。此时的红椒表皮有些地方会起皱，有些地方会变黑，还会出现一些气泡。将红椒从烤箱中取出来后，放进一个密封的塑料袋中冷却15分钟。

3-在此期间，准备腌泡汁：将橄榄油和蒜片、牛至末和辣椒末搅拌在一起即可。

4-把红椒的表皮撕掉，一切两半，把中间的籽挖空。再切成一条一条的，把腌泡汁倒在上面。加上盐，在常温下浸泡至少2小时，浸泡过程中记得时不时给红椒翻翻面。然后再放进冰箱里冰镇几个小时，就可以享用了。

食谱

意式咖喱饭馅烤西葫芦

准备时间：20分钟
烹制时间：40分钟

配料：

- 4个西葫芦
- 100克大米
- 3汤匙橄榄油
- 1汤匙咖喱
- 切碎的蒜末
- 1汤匙番茄酱
- 200毫升水
- 盐，胡椒

1-将烤箱预先加热到180℃。

2-将西葫芦洗净，沿纵向一切两半，然后把里面掏空，但保留瓜肉部分。

3-在一口小锅中加入2汤匙橄榄油，把米倒入锅中，使每一粒米都裹上油，不断搅拌，直到米粒都变成半透明状。加入咖喱，再倒入适量的水，煮沸2分钟，然后盖上锅盖，关火，静置10分钟左右，让米饭充分吸收咖喱汁。

4-在此期间，可以将西葫芦的瓜肉加上蒜末、番茄酱、盐和胡椒，一起放在橄榄油里煎一下，然后混在咖喱米饭里。如果需要，可以适当加些作料进行调味。

5-把搅拌好的咖喱米饭塞进西葫芦里，放到抹好油的烘烤盘上。

6-放进烤箱，烤制40分钟。然后趁热享用。

游戏

猜蔬菜

1-把每一样蔬菜都单独放到一个小袋子里（选择那种有机超市或果蔬店用来装单个果蔬的不透明纸袋）。

2-让孩子们把手伸进纸袋去摸这些蔬菜，但一定不能让他们看到。

3-让他们描述一下触摸的东西（大小、形状、硬度、温度等），也可以让他们说说各自的感觉和记忆。

4-孩子们已经猜出来是哪些蔬菜了吗？现在把蔬菜从纸袋中拿出来，看看他们有没有猜对。

（当然，同样的游戏也可以用来猜水果。）

食谱 意式腌茄子

1-将茄子洗净，去梗，然后切成5毫米宽的长条。

2-在烤盘上铺好烘焙油纸，薄薄地涂一层油，将茄子条摆放在上面，在上面再稍微刷一层油，撒上盐和胡椒。

3-放在烤架上烤15分钟，烤到半熟的时候，记得把茄子条翻面，再刷一层油，然后继续烤。烤熟后，将茄子条取出来，晾凉。

4-拿一个密封性好的保鲜盒，先放进两条茄子，撒上蒜蓉和香芹末，然后再放进两条茄子，重复上面的步骤，直到装满为止。

5-在上面淋上橄榄油，然后浸泡至少24小时。在食用前，再淋上一些柠檬汁即可。

建议：这些茄子可以单独当作头盘来享用，或者切碎后连同干酪屑一起拌面吃。

准备时间：20分钟
烹制时间：15分钟
放置时间：24小时

配料：

- 2根茄子
- 6瓣蒜
- 1小把香芹（10~15根）
- 盐
- 胡椒
- 橄榄油

番茄“泛滥”

啊！夏天的番茄，经历了阳光和风雨的洗礼，已经成熟。那味道，是冬天大棚里种出来的番茄完全无法比拟的！好吧，一盘沙拉、两盘沙拉、三盘沙拉……可是，你就不会跟孩子们一起用它来做点儿别的菜吗？

食谱 橄榄油渍番茄干

你今年种的番茄大丰收了？那么这道食谱正好送给你，因为它可以变成一个不折不扣的、深受孩子们喜爱的游戏。而且，这个游戏你恐怕会经常带着孩子们一起来参与，尤其是当你看到意大利餐厅里油渍番茄干的价格之后！

准备时间：15分钟
烹制时间：两个半小时
放置时间：1小时

配料：

用来制作2罐350毫升油渍番茄干

- 2千克多肉的番茄（罗马番茄或牛心番茄）
- 10枝百里香
- 几小撮糖粉
- 橄榄油
- 盐

1-将烤箱预热到90℃。

2-将番茄洗净，并切成四块。放到一个漏勺里，撒上盐，然后放置1小时，去一去汁。

3-把腌过的番茄放在铺好烘焙油纸的托盘上。

4-淋上4汤匙橄榄油，撒上切碎的百里香（留1~2枝，等到后面放在罐子里）和几小撮糖粉（不过，只有当番茄甜度不够的时候才需要添加）。

5-在烤箱里烘两个半小时到3小时，在半熟的时候，把番茄干翻个面。当番茄已经起皱，但还没有完全干透的时候，就可以了。

6-让番茄干完全冷却，连同预留的一两枝百里香一起放进消过毒的玻璃罐里。

7-倒入橄榄油，使橄榄油没过番茄干，然后把玻璃罐密闭好。只要番茄干足够干，它就至少可以保存6个月以上。

小窍门

如果天气预报说未来的三四天都是炎热的晴天的话，你就可以直接利用太阳的热能把番茄晾干！将木箱倾斜45度，靠在朝阳的墙上，然后把番茄切成四块，撒上盐，在倾斜的箱面上摆好，再在上面压一块玻璃板，放在太阳下暴晒就好。

食谱 青番茄贝奈特饼

这个食谱一般到了夏天快结束的时候才会用到，它能让花园中那些还未成熟的番茄派上用场。

1-不用剥皮，直接把番茄切成6毫米厚的圆片，撒上盐，然后放置15分钟，去一去汁。

2-利用这段时间，准备3个汤盘。在第一个盘子里放上面粉、辣椒粉、蒜蓉、红椒粉以及三小撮盐，搅拌均匀。在第二个盘子里把鸡蛋和酸奶搅拌在一起。在第三个盘子里将玉米粉和面包屑搅拌均匀。

3-将番茄片擦干，先放入加好调料的面粉里，再放到酸奶蛋液中，最后放进玉米粉和细粒麦粉里，这样番茄片就裹了厚厚一层“外衣”。

4-在煎炸锅或者随便一口足够深的锅中倒上油，加热到180℃，然后把番茄片放进油里，每一面炸3~4分钟。

5-用吸油纸把多余的油脂吸干净，然后趁热撒上盐和胡椒，再加上一点点辣椒粉。

准备时间：20分钟
烹制时间：10~15分钟

配料：

- *3个足够硬实的青番茄*
- *120克面粉*
- *4小撮辣椒粉*
- *4小撮蒜蓉*
- *4小撮红椒粉*
- *盐*
- *1个鸡蛋*
- *1汤匙酸奶*
- *3汤匙玉米粉或细粒麦粉*
- *5汤匙面包屑*
- *200毫升葵花籽油*

小窍门

用苹果来催熟

秋天已经临近了，可是花园里还有那么多青番茄没有成熟。那么，你可以尝试催熟它们：将青番茄果柄朝下放进铺有报纸的木箱里，然后在中间放一个苹果就可以啦。

历史

番茄的各种别称

番茄源于南美洲，它的名字也源于印加语“tomalt”，不过它在很长时间内都被叫作“爱情果”“黄金果”（源于它的意大利语名字）或“秘鲁果”。从植物学的角度来看，它的拉丁语名字的含义是“狼桃”，因为最初人们认为它具有毒性（这一观点其实并非完全错误，就像土豆、茄子和其他茄属植物一样）。

装饰菜品

用樱桃番茄做的“瓢虫”

1-给面包片抹上黄油，然后在上面摆放上熏三文鱼。

2-将樱桃番茄切开，但不要切断。把这些番茄固定在面包片上，然后在上面放上橄榄碎丁（如果你想做一只五星瓢虫，就放5粒橄榄丁；如果是七星瓢虫，就放7粒……以此类推）。

3-至于脑袋，在每个番茄的前边，用牙签固定半个黑橄榄，然后用黄油在橄榄上点2个小圆点儿作为眼睛。这些“瓢虫”还是很可口的，不是吗？

配料：

- *面包心*
- *黄油*
- *熏三文鱼或鳟鱼*
- *樱桃番茄*
- *黑橄榄*

与番茄有关的各种调味品

现在正值盛夏，无论是在你家或邻居家的花园里，还是在市场上，随处都可以找到新鲜的番茄。但当夏天结束之后，要到哪里去回味它们的美妙滋味呢？我们不妨用下面的方法把它们储存起来。

食谱 罗勒番茄酱

准备时间：5分钟
烹制时间：15~20分钟

配料：

- 800克成熟的鲜番茄（最好选择罗马番茄这种长形的果实品种）
- 15片罗勒
- 3汤匙橄榄油
- 盐，胡椒

1-在一口厚底的平底锅中加入一汤匙橄榄油并加热，倒入切好的番茄片或番茄丁以及8片完整的罗勒，稍稍加一些盐和胡椒。用文火炒15~20分钟，并不停地搅拌。

2-关火。如果需要的话，就再加一些盐，然后再加一些橄榄油和切碎的罗勒。

然后，你就可以在菜肴（比如意大利面、比萨等）中把做好的酱料加进去，让孩子们品尝了。

食谱 冬日改良番茄酱

准备时间：5分钟
烹制时间：15~20分钟

配料：

- 1小罐去皮番茄罐头
- 3汤匙橄榄油
- 1瓣蒜，被捣成蒜末
- 盐，胡椒

当北风再次呼啸，新鲜的番茄便不见了踪影（当然，不包括那些大棚里种植的），你只剩下那些贮存在罐头里的番茄了……

1-在一口厚底的平底锅中加入一汤匙橄榄油并加热，加入蒜末，煸炒1分钟，然后把番茄用木勺压碎，倒入锅中，稍稍加一些盐和胡椒，用文火炒15~20分钟，并不停地搅拌均匀。

2-在食用的时候，可以再加一点蒜蓉，使整个番茄酱香味更浓郁。

食谱 家常番茄沙司

准备时间：30分钟
烹制时间：一个半小时

配料：

用来制作2瓶350毫升玻璃罐的番茄沙司

- 1.5千克熟透的番茄（选择那些长形的果实品种比较好）
- 3汤匙橄榄油
- 4个洋葱
- 100克西芹
- 4瓣蒜
- 150毫升白醋
- 150克粗红糖
- 2汤匙芥末（选择味道更浓更辣的）
- 半咖啡勺混合香料（4种香料混合）
- 半咖啡勺孜然
- 半咖啡勺辣椒粉
- 2串丁子香干花蕾
- 盐，胡椒

1-将洋葱和大蒜剥皮，去芽，切碎。将芹菜洗净，切成1厘米长的小段。将番茄洗净，去籽，然后切成大块儿。

2-在平底煎锅中倒入橄榄油并加热。加入洋葱、蒜和芹菜，用中火煸炒5分钟左右。加入其他配料，搅拌均匀，然后盖上锅盖煮30分钟，收收汁。晾凉，手动或者使用搅拌机把它搅拌均匀。尝尝看，如果需要的话就再加些作料调调味。

3-把做好的番茄酱整体倒回平底煎锅中，用文火再煮30~40分钟，收收汁。在这个过程中要不断搅拌，以便番茄沙司足够均匀和浓稠（确实，这个过程有点儿久，而且可能会把番茄汁溅到你或孩子们身上，不过也没什么大不了的）。

4-在此期间，将装番茄沙司的玻璃罐和它的橡胶塞子放到沸水里煮一下，消消毒，然后自然风干。

5-将玻璃罐中倒满番茄沙司，盖紧塞子，然后用屉布包好，放到压力锅中，如果需要，就在玻璃罐上面再加一定重量的重物。

6-在锅中加入水（至少高于玻璃罐顶部3厘米），然后盖严锅盖，煮沸，等开锅后再煮30分钟。

7-将玻璃罐晾凉，然后储存在干燥避光的地方。需要食用的时候，随时取出来添加到菜里，给孩子们带来惊喜！

小窍门

给番茄去皮

如果孩子们（或者你本人）不喜欢番茄皮，那并不是完全没有道理的。而且去掉皮的话，红红的番茄果实显然更容易消化，尤其是拌在沙拉里直接生吃的时候。另外，用去皮的番茄做出来的番茄沙司，口感也会更细腻。

那么，就来学学怎么把番茄的皮轻松剥掉吧！在番茄的底部用刀划一个十字开口，然后放到沸水里加热20秒钟，捞出冷却后，就可以轻松地把番茄皮剥掉了。

植物学

品种繁多

起初，大自然中只有一种小小的樱桃番茄。但随着园丁们的不断努力，很多新的品种被不断创造出来：大个的、小个的、圆形的、椭圆的、有棱角的、黄色的、红色的、黑色的、有条纹的……

至于它们的名字，真是充满了诗情画意：白美人、卡罗蒂娜、黑珍珠、三叶草、鸡尾酒、香梨、昂丁、绿斑马、黄香蕉……

美味的虞美人

又到了虞美人盛开的季节。近些年，这些花儿重新“占领了”道路两旁和周围的土坡。太棒了，我们又可以用这些红色的花儿来制作那些美味的果酱和冰激凌了……

食谱

虞美人冰激凌

准备时间：30分钟
冷冻时间：4小时

配料：

- 50克虞美人花籽（在有机商店里有卖）
- 2汤匙干花瓣
- 8片鲜花瓣
- 100克糖
- 半升鲜浓奶油
- 2个蛋黄
- 1小袋香草精

1-要选择一个远离路边的花丛（避开汽车的尾气），而且最好选择在清晨去采摘虞美人的花朵（花瓣在白天很容易脱落）。把鲜花轻轻洗干净，然后在太阳下晒干。

2-将花籽、花瓣连同香草精一起倒入搅拌机里搅拌均匀。在蛋黄中加入糖，并打成糊状，然后倒入搅拌好的花籽和花瓣里。

3-再加入鲜奶油，并搅拌均匀。

4-将混合好的鲜花奶糊倒入冰激凌机，设定好程序即可（若没有，就将奶糊倒入一个大碗中，然后放进冰箱冷冻室，并时不时地搅拌一下）。

5-在享用的时候，可以在每杯冰激凌上再点缀2~3片新鲜花瓣。祝你好胃口！

猜猜看

成千上万的花籽

在1克花种里面会有多少颗虞美人的花籽？这些花籽那么小，恐怕得有10 000颗吧！要选择7月份来采集这些花籽（无论你是打算在秋天播种，还是打算为面包添点儿作料），因为这时它的蒴果已经变干了。你所要做的，只是把它轻轻摘下来，然后在下面放一块布，轻轻摇晃这些蒴果，花籽就会掉出来。你看看，它们像不像一个个小盐罐？

食谱 虞美人果酱

1-采摘虞美人的花瓣，放进容积为1.5升的大塑料瓶（截去瓶嘴部分）中，但不必压实。

2-把花瓣放在菜板上剁碎。

3-在锅里倒入水，用文火加热，把糖倒进水里，充分溶解后，继续加热，直到糖水变成“糖浆”状（就是说，如果你滴一滴糖浆在冷水中，会凝结成一粒粒小糖珠）。

4-在糖浆中倒入剁碎的虞美人花瓣，再煮大约8分钟，直到锅中的糖浆呈现“果冻”的形态。

5-将果酱趁热倒入消过毒的小罐里，用玻璃纸或密封的盖子把它盖紧，不断翻转小罐，直到里面的果酱完全冷却为止。

在早餐、下午茶和野餐的时候，都可以加一点儿。

准备时间：30分钟
烹制时间：30分钟

配料：

- 500克糖
- 半升水
- 1.5升虞美人花瓣（装满一大矿泉水瓶）

工具：

- 1个大塑料瓶
- 1个手持切碎机（小心你的手指……）
- 1块切菜板
- 1口大锅
- 一些装果酱的小罐

健康

千万别搞混了

怎么？虞美人对人体健康有害？完全不会，甚至恰恰相反。

只是它的一个亲戚——罂粟是制作毒品（比如著名的鸦片）的原料，不过只是使用蒴果的汁而已，至于它的其他部分都是可食用的。这就是为什么你能够在面包店买到罂粟籽面包的原因！

虞美人含有丰富的植物碱（包括很有名的丽春花定碱、丽春花宁碱、异丽春花定碱I型和II型），但这些植物碱并没有毒性，所以没有任何上瘾的风险。

小窍门

带有神奇药效的糖果

喏，真是奇怪，跟果酱比起来，孩子们好像更喜欢糖果……

没问题，你只需要把“果酱”再多煮几分钟。然后用一把小勺，舀出一个个小球，放在冰箱的冷冻室里10分钟，让它快速冷却。

另外，这些糖果里含有植物碱，它们在传统药典之中被用作镇静或轻微安眠的药物，尤其是对那些太过活跃的孩子来说！此外，虞美人还对咳嗽、支气管炎和哮喘有缓解作用，对于流感患者也同样有效。

夏日的丰盛午餐

一大家子人都聚到了你家，准备共进一顿露天午餐？你可以和孩子们一起准备应季的菜品，再点缀些100%纯天然的元素，让所有人都大吃一惊！

点缀

丰盛下午茶的好味道

当然啦，节日的餐桌完全可以用大自然或花园里的元素来装扮一新。

绿色的小台布

用纸板剪成餐盘的形状，然后在周围钉一圈漂亮的大叶片，再用双面胶在树叶上粘一些鲜艳的小果实。

用常春藤点缀餐巾

用一根酒椰叶把餐巾系好，并打一个好看的结，让宾客们轻轻一拽就能够解开。然后在里面插上几片常春藤的叶片，再点缀一束田间或花园里的小儿。

用树叶做的桌牌

找一块底色为金黄色的毡垫（在装饰品商店就能买到）和一些厚实、有光泽的树叶。先将毡垫铺在下面，然后把每位宾客的名字都刻在树叶上。

用燕麦装饰杯子

用胶带在水杯周围粘一圈酒椰叶（别用胶棒，它遇热会融化），在里面插上几根野燕麦，让水杯看起来更有生气，或者加一枝常春藤也行。

节日礼花筒

用鲜艳的花瓣代替五彩缤纷且带有香味的彩纸屑，会更赏心悦目，尤其是玫瑰花瓣。

食谱

羊肉丸配酸奶黄瓜酱

1-准备酸奶黄瓜酱：找一个用细棉纱布做成的滤网，将酸奶倒在上边，静置3小时。将黄瓜沿纵向切成两半，去籽，然后切成丁，不必削皮，再加一点盐腌一下，去一去汁。

2-利用等待的时间准备羊肉丸：在一个沙拉碗里，把羊羔肉馅、分葱、香芹、薄荷和香料搅拌在一起，加入盐和胡椒，再加上鸡蛋、酸奶和面包屑，搅拌均匀后，饧10分钟。

3-舀一勺搅拌好的肉馅，用手揉成丸子状，然后再用手轻轻压扁一点儿。如果肉丸无法很好地成形，就往肉馅里加一些面包屑，搅拌均匀后，再试一下。

4-将橄榄油加热，将肉丸放进油中，用中火煎5分钟。在煎的过程中，要时不时地轻轻给丸子翻一翻面。晾凉，然后放到冰箱里，想吃的时候拿出来即可。

5-完成酸奶黄瓜酱：把滤过的酸奶和黄瓜丁放进沙拉碗里，再加上蒜、薄荷、橄榄油、盐和胡椒，搅拌均匀，然后放到冰箱里，想吃的时候再拿出来。

准备时间：40分钟
烹制时间：15分钟
放置时间：3小时

配料：

- 700克羊羔肉馅
- 1根分葱
- 1个鸡蛋
- 1汤匙面包屑
- 1汤匙酸奶
- 2汤匙香芹末
- 2汤匙碎薄荷叶
- 1咖啡勺孜然
- 1咖啡勺辣椒粉
- 1小撮红辣椒粉
- 盐，胡椒
- 4汤匙橄榄油

制作酸奶黄瓜酱的配料：

- 250克酸奶
- 半根黄瓜
- 1瓣蒜，切成蒜末
- 3小撮干薄荷叶
- 3汤匙橄榄油
- 盐，胡椒

食谱

白巧克力馅的覆盆子蛋糕

1-烤箱预热到200℃。

2-把鸡蛋的蛋黄和蛋清分开，在蛋黄中加入糖，用力搅拌，直到蛋液微微发白，加入覆盆子和柠檬汁，再撒上面粉、酵母和小苏打，搅拌均匀后，把面糊饧30分钟。

3-将蛋清打成泡沫状，然后倒进面糊里。把准备好的面糊倒进涂好黄油和面粉的小干酪蛋糕模具里，在中间加上1~2勺巧克力。放进烤箱，烤10~15分钟，时间长短取决于模具的大小。

4-把蛋糕从模具中取出，晾凉，撒上椰丝，就可以享用了。

准备时间：10分钟
烹制时间：10分钟
放置时间：30分钟

配料：

- 200克覆盆子
- 2个鸡蛋
- 60克面粉
- 1小撮小苏打
- 2小撮酵母
- 40克糖
- 1汤匙柠檬汁
- 8小块白巧克力
- 椰丝（用来点缀）

美食家的游戏

谁说不能拿果蔬玩呀？把它们丢在地里，会长出一片花园，或是使用那些吃剩下的果蔬玩耍，不也挺有趣吗？

游戏

李子核大作战

1-找8个李子核（或杏核），将其中一面涂成绿色，这就是骰子。再拿40颗干豆子，当作筹码。

2-将李子核掷在桌上。如果有6个是绿色那面朝上，那么你可以得到6分，所以可以拿6颗豆子。如果有4个绿面朝上，则得4分，获得4颗豆子。

3-如此继续，直到“筹码”被分干净为止。然后每个人数一数自己的豆子，那个得到豆子最多的人便是获胜者！

园艺

把梨子装进瓶子里

怎么才能把梨子装进瓶子里？当然，在不把它弄碎的前提下。

这在夏天的时候会比较容易实现，在梨子还没有成熟而且还长在梨树上的时候！

在树上选一个梨子，连同它所生长的树枝一起小心地塞进一个略大的瓶子里。将瓶子和树枝系在一起。这样，这个梨子就好像生长在大棚里一样，远离坏天气、害虫和鸟儿的侵袭。

等到它成熟之后，就可以把它和瓶子一起采摘下来了！

让你的蔬菜开花

你肯定见过番茄、豌豆和豆角的花儿，但你见过其他蔬菜的花儿吗？有一些也非常好看且独特。

* 在那些最美的花儿里，应该有朝鲜蓟的身影。将一棵朝鲜蓟“不小心”丢在花园里，你不会感到失望的，不久之后，你就会看到一朵蓝色的美丽大花！

* 小水萝卜或甘蓝会开出一束束白色或黄色的小花，西蓝花甚至干脆从底部开出花来。

* 菊苣会开出美丽的蓝色小花，这些花儿很受蜜蜂的喜爱。

* 去年冬天被丢在花园的胡萝卜将开出美丽的白色伞形花冠，而在它旁边的是婆罗门参的金黄色小花儿。

* 至于洋葱、韭葱和细香葱，它们那（被支柱撑着的）细细的长茎顶部会开出紫色或白色的球状花朵。

游戏 非洲宝石棋

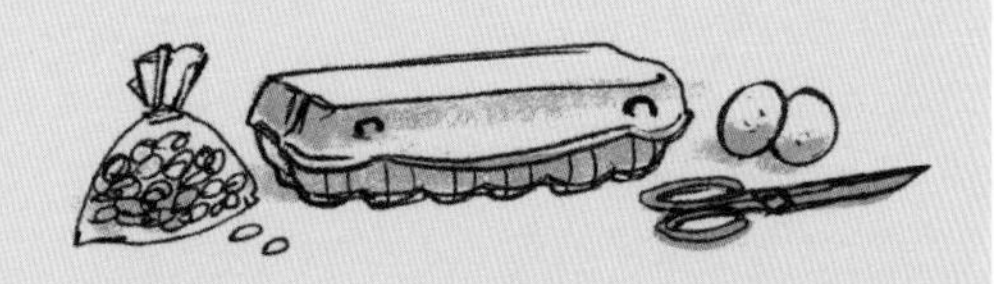

在家里就可以重现这个非洲的传统游戏，只需准备以下东西就好：

*一个装鸡蛋的空盒子（12只装）

*48颗大个的豆子（比如菜豆、蚕豆或者杏核都可以）

游戏的宗旨就是看谁最终可以收获最多的种子。

1-可以是两个人来玩这个游戏，也可以是两队人。每方6个“格子”，每个格子里4颗种子。双方按顺序开始游戏。

2-第一个玩家从自己的领地中选择一个格子，拿出里面的所有种子。然后按照逆时针顺序把它们依次放进其他的格子里，每个格子里一颗。

3-随着游戏的进行，一些格子空了，而另一些则被填满。当一位玩家将最后一颗种子放进某个格子里，使这个格子里的种子数量不超过2颗时，他便可以拿走这个格子里的所有种子（包括他刚放进去的那颗），这个格子便被掏空。

4-当某一方的一排格子都空了的时候，游戏结束。另一方玩家数一数自己收获的种子，包括从对方那里得到的种子和本方格子里剩下的种子。谁最终得到的种子最多，谁就是胜利者。

定制的个性化苹果

果树上的苹果（或梨子）个头已经足够大了。虽然它们还是青的，不过在夏日阳光的照射下，它们将很快成熟，并换上颜色漂亮的“新装”。要想在它的表面“雕刻”上你的名字缩写，或者“创作”一幅小画，现在正是时候。拿一张不透明的胶纸来裁剪出你所选择的图案，把它平整地贴在苹果朝向太阳的一面，然后耐心等待。除了被遮住的部分，苹果的表皮会慢慢地变色。当夏天结束，在采摘水果时揭掉贴在上面的胶纸，你会发现字母或者图案已经直接印在了苹果上。这真的很神奇，不是吗？

刻有图案的笋瓜

看，一根笋瓜上刻有你的名字或者一幅滑稽的小画！但这是怎么做到的呢？其实很简单：当笋瓜还没有长成时，它的表皮很软，这时用细细的笔尖将你名字的缩写或图案刻在上面，剩下的事情就交给大自然来完成好了。随着笋瓜的生长，被刻出来的伤口会慢慢愈合，而所刻画的图案却会慢慢变大，像浮雕一样凸现出来。

充满各种香味的夏日

所有的厨师都说："如果没有香料植物的香气和味道，就没有完美的夏日菜肴！"比如，在比萨上加一枝百里香，在沙拉里放一根细香葱，在一杯清凉饮料里加一片薄荷叶……

园艺

香料植物塔

这个用花盆搭建而成的迷你花园，是香料植物的理想生长场所！它几乎不占什么地方，却能种出很多我们需要的植物。做好排水设施，然后将花盆放在阳光下。对某些植物来说，太阳会带给它们所需的热量。

1-选择5个大小不等的陶土制花盆，每个花盆里都装上一半土壤和泥土肥的混合物。

2-在最大的花盆里种上喜欢阴凉的香料植物（种在周边），比如薄荷、香芹、罗勒等。

3-把第二个花盆放到第一个花盆里，然后周围再填满泥土。

4-按照这个方法继续操作，最上面一层的花盆里要种上那些最喜欢阳光和热量的植物（比如百里香或鼠尾草）。

必不可少的香料植物

*细香葱是极富生命力的多年生植物，在春天播种或者分株种植。

*香芹（它有很多品种）富含维生素C，在8月之前都可以播种。

*罗勒香气袭人，在春天播种，或者直接购买种在小盅里的幼苗，然后移植到花盆中。

*百里香，极富生命力的多年生植物，喜欢阳光和干燥的土壤，所以要种在最上面的花盆里。

*薄荷，拥有众多品种，它们都是极富生命力的多年生植物，喜欢潮湿而肥沃的土壤，所以适合种在最下面一层的花盆里。

*当然还包括：龙蒿、小茴香、鼠尾草、牛至、艾蒿、蜜蜂花、薰衣草……

食谱 薄荷糖浆

准备时间：20分钟
放置时间：48小时

配料：

用来制作3瓶糖浆

- 满满两整杯（容积200毫升）的薄荷叶（去掉茎枝）
- 2升水
- 1.5千克糖粉

1-将薄荷叶洗净、沥干，放到一个容积为3~4升的容器里。

2-将水烧开，倒进装有薄荷叶的容器里，加上糖，搅拌均匀，然后浸泡2天。时不时搅拌一下，让糖能充分溶解而不会沉淀到容器底部。

3-将糖浆用筛网或细纱布过滤，倒进锅中煮沸。将煮好的糖浆装满3瓶750毫升的瓶子，立刻盖紧盖子，然后放到阴凉的地方保存。

4-做好的薄荷糖浆可以保存6个月。

变化：可以用8束接骨木的伞状花冠（去掉花茎）来取代薄荷，或者加入薄荷的同时再配上一些蜜蜂花的叶子或者是捣碎的甘草根。

吃惊：你做好的糖浆不是绿色的，而是棕色的？不要惊讶，因为这完全正常！在商店里卖的糖浆是经过人工上色的（有的时候，加入的是荨麻所含的叶绿素），那样看起来可能更漂亮，但纯天然的薄荷糖浆就是棕色的。

意想不到的美味

将几片新鲜的薄荷叶洗净、沥干。在每片叶子的正反两面都涂上打成泡沫状的蛋清液，再撒上糖霜，放在烤箱里用微火烘干，然后就可以直接享用了，或者用来点缀蛋糕也行。

食谱

不含酒精的Mojito鸡尾酒

准备时间：10分钟

配料：

用来制作4杯Mojito

- 2个青柠檬
- 80毫升蔗糖浆或1咖啡勺红糖（1人份）
- 30片新鲜的薄荷叶
- 带气的矿泉水
- 冰块

1-取一个青柠檬，挤出柠檬汁，再把另一个青柠檬切成四块。

2-在一个长颈瓶中加入新鲜的薄荷叶、糖浆或蔗糖，用捣杵把薄荷叶捣碎。

3-加入柠檬汁和切好的青柠檬，再加入10来块冰块，搅拌均匀。在喝之前，倒入带气的矿泉水就可以了。孩子们可以把它当作大人们常喝的开胃酒，但你大可以放心，这里面不含酒精！

游戏 吉姆的嗅觉游戏

夏日香气大作战！而且竞赛是开放式的，不仅仅是针对孩子们。

1-将5个玻璃的（或塑料的）小酸奶罐清洗干净，用不透明的纸包裹起来。

2-在每个瓶子里塞进一棵不同种类的香料植物。比如，你可以分别放入薄荷、牛至、迷迭香、薰衣草和百里香。

3-在每个酸奶罐口盖一张纸，用橡皮筋扎起来。在这个用纸做的塞子上戳几个孔，做成一个盐盅的样子。

4-让每个参与者分别嗅一下5个酸奶罐，然后说出每个罐子中植物的名字。最后看看，是谁赢了？

植物做的糖果

曾经，所有的糖果都是用植物做的。尽管在如今的商业中已经不再是这样了，但你依然可以很容易地找回这种纯天然的真正好滋味。

食谱

当归糖棒

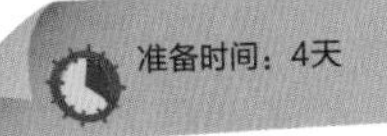

这种长满山坡的植物据说可以治愈所有疾病！对我们的祖先来说，它就是如此神奇，因而得到了一个“天使草”的美名。后来，它的名字慢慢演变成今天的当归。

1-将当归的茎切成长度相等的小段（大概10厘米左右）。

2-放入水中煮沸几分钟，去掉表皮，再煮一下。

3-用冷水反复冲洗，然后浸泡在浓缩糖浆（用300克糖和500毫升水配制而成）里几分钟；将其煮沸，然后关火。

4-在接下来的3天里，反复上面的步骤。制好后，这些当归糖棒可以被用来添加到甜点、香料面包或果酱里，为美食提香。

食谱

椴花糖

准备时间：30分钟
放置时间：12小时

配料：

- 半升椴树花
- 8克琼脂
- 750毫升冷水
- 3汤匙蜂蜜

1-将椴树花放进搅拌机的专用碗里。

2-将琼脂用冷水化开。

3-把琼脂溶液煮沸，并保持沸腾状态5分钟。

4-加入蜂蜜，搅拌均匀，然后将200毫升搅拌好的溶液倒入放有椴树花的碗中。浸泡15分钟，用搅拌机搅拌到最细腻的状态。

5-将搅拌好的椴花蜜汁和剩下的琼脂蜂蜜水搅拌到一起，然后倒进1厘米厚的长方形模子里或者硅胶的糖果模子里。等冷却后，再冷冻12小时。

6-将冻好的糖块切成小块儿，然后就可以品尝啦。

历史

甘草根

甘草是一种属于豆科的多年生植物，生有长长的匍匐根，我们平时所嚼的就是洗净并晾干的甘草根块——尽管总会有一些纤维塞到牙缝里！

试试看：嚼上几分钟，甘草汁液便会充满整个嘴巴，而味蕾会长时间记住这种独特的味道。

在18世纪末的时候，人们打算用甘草来制作一种清凉饮料——甘草露，它的做法其实就是简单地把甘草根泡在柠檬水里。在街头巷尾的众多小商贩中，售卖甘草露的小贩很快就引人注目起来：他们手里摇着铃铛，大声吆喝着："甘草露，新鲜的甘草露，谁要买甘草露哟？"再后来，人们一直使用甘草汁来制作甘草露，后来又发明了甘草卷和其他小甜点。

健康 带有药效的糖果

以前，用鲜花制成的糖果被当作一种药。人们含服这些糖果用来缓解喉咙痛（虞美人）、消化不良（薄荷）或者轻度支气管炎（紫罗兰）。这简直就是"诱使"小孩子们生病嘛！

食谱 棉花软糖

你应该认识这种被称为"药蜀葵"的植物，或者至少认识它那些生长在花园里和山坡上的"近亲"：它与花葵、蜀葵和锦葵同属于一个家族。在过去，人们会用它的根来制作糖浆、软糖和糖块。即便是现在，你还是可以用同样的方法来制作它们：

1-将新鲜的药蜀葵的根去皮、切成小段，然后浸泡在水里，把它的胶质泡出来。

2-加入糖浆，然后用小火煮沸，你就得到了药蜀葵糖浆。在大多数时候，我们还会在里面加入柑橘花水。

3-糖块和软糖的制作方法基本也是一样的，就是把药蜀葵粉和糖放在一起搅拌均匀，然后加上西黄蓍胶，使它们凝固到一起。

唉！现在所卖的棉花软糖都不再含有药蜀葵了！包括著名的美国果汁软糖在内，都是用糖、玉米浆、蛋清、明胶和香料混合到一起后，搅拌加工成海绵状的。

神奇的谷物：从麦子到面包

面包、面条、煎饼……这些食物都是用麦穗中的一粒粒种子作为原料制成的。现在又到了收获的季节，借此机会让孩子们来发现这个奇妙的过程吧！

准备时间：15分钟
放置时间：18小时+2小时
烹制时间：45~50分钟

配料：

- 450克55号小麦粉
- 半咖啡勺面包专用酵母
- 满满1咖啡勺盐
- 350毫升温水
- 50克谷粒（亚麻籽、罂粟籽、芝麻、葵花籽……）
- 50克燕麦粉或燕麦麸子

食谱 铸铁锅免揉面包

面包很容易做？并不完全是这样……那些尝试制作面包的人，从烤箱中端出的可能不是一个美味的面包，而是一团没法吃的面疙瘩……不过别轻言放弃哟，这里有一学就会的制作法，它省略了反复揉面的步骤，所以简单到4岁的孩子都可以独立完成（发明这个方法的是个美国人）。想要成功做出这种面包，需要长时间的发酵过程（要有足够的耐心）和足够的湿度。

1-把所有干的配料放在沙拉碗里搅拌均匀，然后加入水，用手或木勺反复搅拌，和好的面团会变得又湿又粘手，这是正常的。

2-用一块屉布将沙拉碗盖好，然后放在温度适宜的地方饧18小时（没错，要18小时）。醒好后的面团会变成之前的两倍大，表面会有小气泡出现。

3-借助刮刀把面团从沙拉碗里取出，然后放在铺有一层浮面粉的案板上。拎起面团的四角折叠1~2次，揉成球状，再装回沙拉碗里，光滑的一面朝上，把碗盖好，再饧15分钟。

4-在一块屉布上铺满谷粒和面粉的混合物，将面团放在上面滚动，以便沾满混合物。再让面团继续发酵2小时，光滑的一面朝上。饧好的面团会变成之前的两倍大。

5-在面团发酵的同时，提前准备好一口生铁小锅（带锅盖），放在炉子上，预热到250℃。

6-小心地把锅从炉子上取下来（这一步必须由成年人来完成，因为锅会非常烫！），将面团从屉布上直接倒进锅里，沾满各种谷粒的一面朝上，而光滑的一面朝下。盖上锅盖，放到炉子上烤25~30分钟，然后揭开锅盖再烤10~15分钟。

7-将小锅从炉子上取下来，将面包放在烤架上，慢慢冷却。

食谱

准备时间：15分钟
放置时间：1小时
烹制时间：4分钟

配料：

- 200克面粉
- 200克超细粒硬麦粗粉
- 1勺半（咖啡勺）盐
- 200克鸡蛋（4个普通大小的鸡蛋）
- 半汤匙橄榄油

用细粒麦粉和鸡蛋做家常面条

1-将面粉、细粒麦粉和盐倒入沙拉碗里搅拌均匀，在面粉中间挖一个小坑，将打好的鸡蛋连同橄榄油倒进去。

2-一开始先用叉子搅拌，当面团慢慢变紧实就用手继续搓揉，以便把所有干的配料都均匀混合到面团之中。

3-将面团揉成球状，放在薄薄撒了一层面粉的案板上，反复搓揉10分钟。揉好的面团便不会粘在案板上。给面团裹一层保鲜膜，然后在常温下饧1小时。

4-将面团切成4条，用保鲜膜先把其中3根包裹起来，防止水分流失。把剩下的1根用擀面杖擀成细细的带状，然后切成你想要的形状。其他3根也如法炮制即可。

5-把切好的宽面条放进大量的盐水中煮3~4分钟，捞出来沥干，然后根据自己的口味来添加配料就可以吃了。

植物学

千万别搞混了

在谷物的大家庭中，包括：

*小麦
*黑麦
*大麦
*燕麦

在小麦的大家庭里，还包括：

*硬粒小麦，主要种植在欧洲南部的干热地区，富含面筋，常被用来制作粗粉和面条。

*软粒小麦，也被称为优良小麦品种，在地球上广阔的温带地区都有种植（它甚至可以说是地球上种植得最多的谷物，排在大米和玉米之前）。人们用它们的种子磨成面粉来制作面包。而且，它还拥有很多不同的品种。

*斯佩尔特小麦（双粒小麦），是软粒小麦的一个“子品种”，因为它的粗生性和含面筋极少的特性，很适合用来制作面包，因而在农业上深受欢迎。

用硬粒小麦做意面和麦秆娃娃

你终于回到了家，虽然疲惫不堪，却很高兴。白天拜访的农户送给你的麦穗都还抱在怀里。好吧，此时没有什么比吃一顿面条大餐（当然是用面粉制作的）更能补充体力的了！

食谱　通心粉配芝士

准备时间：30分钟
烹制时间：30~35分钟

配料：

- 275克通心粉
- 40克黄油
- 40克面粉
- 600毫升牛奶
- 1咖啡勺浓郁的芥末酱
- 4小撮辣椒粉
- 4小撮胡椒
- 300克奶酪屑（切达奶酪、孔泰奶酪、埃曼塔奶酪或混合型奶酪）

这是一道经典的美国菜，传统的做法是要加上切达奶酪，但你可以根据自己的喜好，用孔泰奶酪、埃曼塔奶酪或其他混合型奶酪来代替。

1-烧一大锅盐水，将通心粉煮熟，但要保持面条的嚼劲。将煮好的通心粉沥干，再放入冷水中过一下，然后放在一边备用。

2-将烤箱预热到180℃。

3-准备调料：在一口中等大小的锅中，将黄油熔化，加入面粉，用文火煮4~5分钟，并不断搅拌。将冷牛奶一下子倒入其中，然后不停搅拌，直到锅里的混合物变得黏稠。再加入芥末、辣椒粉和胡椒进行调味。

4-把锅从炉子上端下来，加入三分之一（约100克）的奶酪屑，仔细搅拌均匀。在烤盘中稍微涂一层黄油，然后将煮好的通心粉中的一半倒入盘中，在上面浇上调料，再撒上些奶酪屑，剩下一半的食材，也是按照同样的步骤来操作，最后在上面再撒一层奶酪屑。

5-放在烤箱中加热20~25分钟，如果需要，最后5分钟可以放到烤架下面加热。做好后要趁热食用。

食谱 面条沙拉

准备时间：30分钟
烹制时间：10分钟

配料：

- 250克通心粉
- 10片罗勒叶子
- 5汤匙橄榄油
- 150克樱桃番茄
- 1汤匙松子
- 10枚黑橄榄，切碎
- 1个黄椒
- 5枚朝鲜蓟心（盒装）
- 50克帕尔玛干酪屑
- 橄榄油
- 香醋
- 盐，胡椒

1-烧一大锅盐水，将通心粉煮熟，但要保持面条的嚼劲。将煮好的通心粉沥干，再放入冷水中过一下，捞出来之后，在上面淋2汤匙橄榄油。

2-在锅中加入1汤匙橄榄油，加热，然后将切好的青椒丁和切成四块的朝鲜蓟心倒入锅中，用中火煸5分钟，稍微加点儿盐和胡椒，然后盛出来放在一边。

3-将通心粉、青椒、朝鲜蓟心连同完整的或切成两半的樱桃番茄、黑橄榄和切碎的罗勒一起倒在一个大沙拉碗里，仔细搅拌均匀，加入醋或柠檬汁，再撒上帕尔玛干酪屑和烤松子就可以享用了。

游戏

麦秆娃娃

1-拿一小束麦秆，把那些整齐美观的麦秆挑出来（剩下那些短小或破损的麦秆也不要丢掉，可以将它们团成球做娃娃的脑袋）。

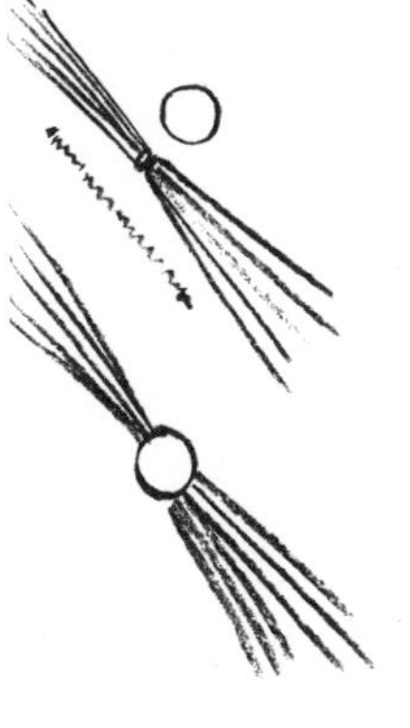

2-选取6～9根长度匀称（约30厘米）的漂亮麦秆，编成草辫，然后用酒椰叶纤维做成的草绳把它的两端系起来，作为娃娃的胳膊。

3-将剩下的麦秆从中间系一个扣，把做好的麦秆球放在结上边的位置，然后把麦秆上面的部分折下来，分开环绕在稻草球的周围，再把下面系好，作为脖子。

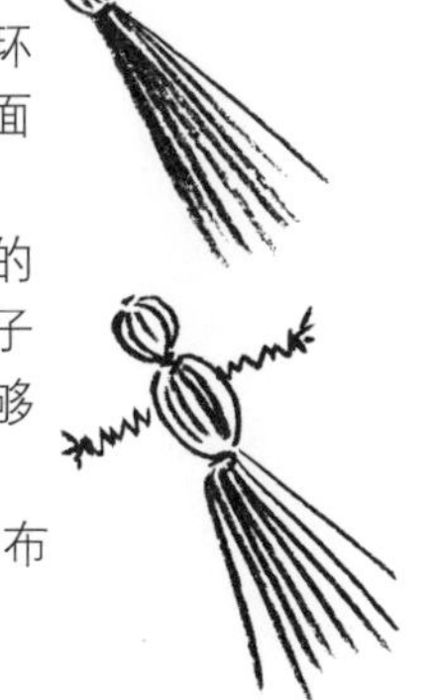

4-把胳膊穿过麦秆娃娃的身体，并固定好。然后将裙子下摆修剪整齐，以便娃娃能够立在桌子上。

5-可以用一些彩色的碎布条作为娃娃的衣服。

游戏

最好的吸管

对于夏日的鸡尾酒来说，野燕麦的茎是最简单、最天然也是最独特的吸管，这种野生作物通常生长在高草草原或稻田边缘。

你可以一眼就认出它们：长长的金色麦秆明显高于周围其他植物，顶端长有麦穗。

你得在野燕麦秆变干之后再进行采集，然后根据需要剪成相同长度的吸管，记得在麦秆的两个节之间剪，否则没办法使用。

餐盘中的大海味道

这一点大家都承认：第一眼看上去时，海鲜对孩子们来说并不那么有吸引力……除非他们自己打捞、自己烹制，然后搭配着美味的意大利面一起吃！

活动

捕捞贝壳、贝壳，还是贝壳……

和孩子们一起到海边玩，如果不花一天时间组织一次海钓，就算不上真正的度假！而海边的岩石，或是在退潮后的广阔海滩，都是海钓的好去处。

装备

*如果烈日当空，记得准备好草帽，或至少准备一顶帽子，同时做好防晒措施。在海滨，阳光可是很毒的！

*即使是好天气，也要穿上防风防水的衣服，尤其要记得穿上橡胶靴子——在泥沙和礁石上行走，你需要一双得力的靴子。

*一个铁丝框捕鱼篓和一把小耙子。

天气预报和潮汐预报

在海边一定要小心恶劣天气和潮汐。

*在风浪很大的海边或者大雾的天气，不要冒险。

*每次潮汐大概会持续6小时：3小时，海水退潮；再过3小时，海水涨潮。提前了解清楚潮汐的时间，选择在退潮的时候行动；在涨潮前，选好一个不会被海水淹没的地方。

几条必须遵守的原则

*不要随便返回或穿行海滩，这可不是在农田里。

*请待在你自己的捕捞区域。你是为了自己的晚餐捕捞，其他人也是同样的目的。

规定可以捕捞的贝类大小

每一种贝类都规定了允许捕捞的大小限制。小个的贝类同样鲜美，但它们太小了，不适宜捕捞，所以请别打扰它们生长。

*蛤子：3厘米

*文蛤：3.5厘米

*鲍鱼：9厘米

*扇贝：3.5厘米

*帘蛤：4厘米

*贻贝：4厘米

*生蚝/牡蛎（当然要是野生的）：扁型牡蛎要达到6厘米，而长牡蛎则要达到5厘米。

*当然还有：滨螺、圣雅克贝、竹蛏、美洲帘蛤、蛾螺、樱蛤……

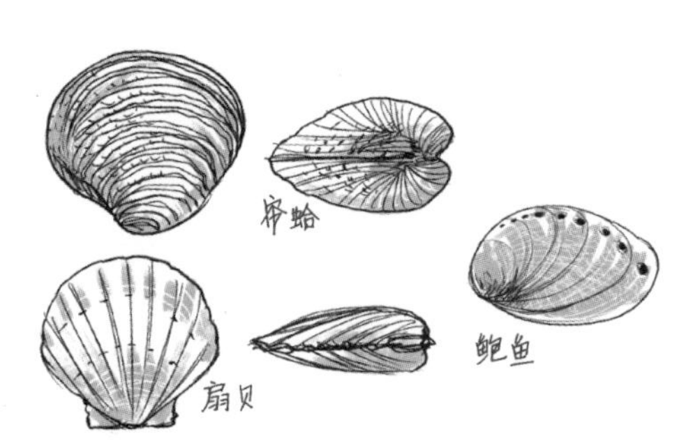

食谱 文蛤（或蛤子）意面

准备时间：30分钟
烹制时间：15分钟

配料：

- 1.5千克蛤子或文蛤
- 400克手工意面
- 1瓣蒜，捣碎
- 1个完整的小干红辣椒
- 半杯白葡萄酒（没错，即使是给孩子们吃也没问题，因为在烹饪过程中就挥发掉了）
- 半杯橄榄油
- 2汤匙香芹末
- 盐，胡椒

虽然很鲜美多汁，但蛤子和文蛤这些贝类都有着共同的美中不足：贝壳内很容易夹杂着沙粒。要想把这些贝类清理干净，就得想办法让它们自己把沙粒排出体外。你可以把它们浸泡在海水中4~6小时，并时不时地搅动一下。

1-在一口大平底锅中加入一汤匙油，加热，然后把贝壳放进去，盖上锅盖，用大火焖煮。等到贝壳全都张开（大概需要几分钟），用漏勺把它们捞出来，盛在盘子中。

2-等到贝壳晾凉，将贝肉从贝壳中取出（可以保留几个完整的贝壳作为点缀），放在一旁备用。过滤一下煮贝壳所剩的汤汁。

3-在一口大锅中倒入半杯橄榄油，加入蒜末和辣椒，再倒入煮贝壳的汤汁和白葡萄酒。小火收汁，直到锅中的调料接近糖浆状。关火，捞出辣椒。

4-利用这段时间，烧一大锅盐水，按包装上的说明将意大利面煮熟。在另一口锅里，用文火给调料重新加热，然后倒入煮好的贝肉。将煮好的意大利面沥干，倒进调料锅中，仔细搅拌均匀，让面条外边都裹上一层调料。

5-再撒上一些香芹末和一点点胡椒。

小窍门 母鸡也爱牡蛎

你养了几只母鸡，而且希望它们能够下更多的蛋，那么别扔掉那些空的牡蛎壳，把它们丢给母鸡吧！贝壳中含有的钙质能为母鸡们补充足够的钙元素，使其下的蛋蛋壳更坚固。

蝴蝶们的餐厅

这一次，并不是给孩子们准备美味的小菜，而是为花园里的蝴蝶们。没错，这样你将有机会和孩子们一起更好地观察这些美丽的昆虫了。

杂活

盘中的点心

花园里没有足够多的鲜花？那么不妨给蝴蝶们准备些甜食吧。

1-在地上安装一根50厘米高的木桩，上边钉一个托盘或一块木板。

2-在上面放一个盘子，装上一些甜的东西，比如蜂蜜、香蕉泥之类的，蝴蝶就会被吸引过来，你和孩子们便可以好好观察它们了。

请注意，其他不那么受欢迎的昆虫也有可能被吸引过来，像胡蜂或蜜蜂之类。

天热的时候，蝴蝶也是需要补充水分的。所以，记得用一个简单的餐盒给它们做个饮水器皿。

别忘了那些毛毛虫

不仅仅是蜕变后的蝴蝶才贪吃，毛毛虫也喜欢植物，只不过它们更喜欢植物的叶子，而且它们很挑食。

每个种类的毛毛虫都有一种特定的“宿主植物”，也就是它们唯一爱吃的植物！在毛毛虫喜欢的植物里，有一种比较特别，那就是荨麻——它是至少5种花园里常见的蝴蝶的宿主植物！所以，种植一些荨麻是个好主意！（荨麻还很美味，参见第22~23页）

大自然

有用的词汇

蝴蝶会产卵，孵化出毛毛虫，然后结成蛹，最后破茧成蝶：这就是蝴蝶的变态。

园艺

鲜花佳肴

蝴蝶最喜欢的是花蜜，它们会用吻管来吸食这些甜甜的蜜汁……那么你不妨多种植一些蜜源植物，为这些小家伙提供一大捧饱含蜜汁的鲜花。

*花园里那些吸引蝴蝶的植物：缎花、雏菊、旱金莲、金盏花、红缬草、黄花、猫薄荷（也叫荆芥）、万寿菊、美国石竹、月见草、香芥、薰衣草、薄荷、细香葱、百里香。

*蝴蝶喜欢的那些野生植物：报春、碎米荠、三叶草、覆盆子、树莓、起绒草、矢车菊、常春藤、缬草、绒线菊、千里光、百脉根、荨麻、大麻叶泽兰、野生胡萝卜、拉拉藤、红女娄。

*你还可以种一株醉鱼草：这种装饰用小灌木也被称之为“蝴蝶树”，它那白色或粉色的带有甜味的大串花束，真的是蝴蝶们的惊喜。尤其是到了秋天来临之际，其他的鲜花都难觅踪影，而醉鱼草仍在盛放。

大自然

花园中最美的四种蝴蝶

（当然那些最普通的品种也很美）

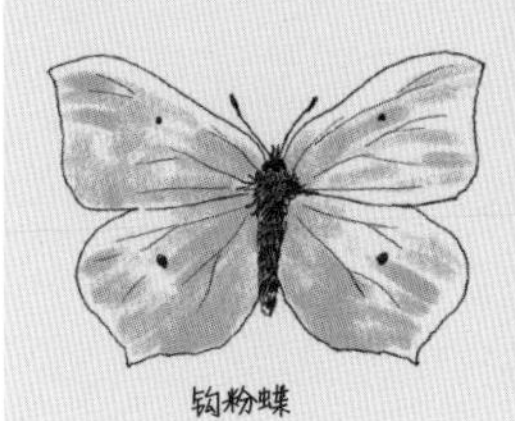
钩粉蝶

钩粉蝶

像它的法语名（“柠檬”）所示的那样，这种蝴蝶几乎完全是黄色的。它们在春天刚刚来临的时候便会出现，人们常说，它们在燕子来临之前便宣布了春天的到来。

孔雀蛱蝶

孔雀蛱蝶

翅膀上的大块蓝色斑纹看上去很像眼睛，它们可能是大家最熟悉的蝴蝶了。孔雀蛱蝶很常见，尤其是在花园里，就好像这里是它们自己的家一样。

荨麻蛱蝶

荨麻蛱蝶

人们通过橙黄色翅膀上的蓝色斑点便能认出它们。冬天，它们往往会躲在谷仓里，直到第一缕阳光把它们唤醒！

优红蛱蝶

优红蛱蝶

两道鲜红色的条纹切断了它们柔滑的黑色翅膀，这是地狱之火的象征，因此它们以地狱之神过去的名字为名！幸运的是，翅膀上的一些白色小斑点让这些美丽的蝴蝶变得更加迷人。

此外，你还会遇到……

*红襟粉蝶，经常飞舞于开满鲜花的野生草原；

*小红蛱蝶，它们最喜欢荨麻和菊科植物；

*豹灯蛾，它们喜欢在夜晚光临花园；

*金凤蝶，它们总是流连于胡萝卜和茴香之间；

*蜂鸟天蛾（红裙小天蛾），它们会舞动翅膀使自己静止在原地来吸食花蜜，让人们常常把它们和蜂鸟搞混。

*欧洲粉蝶，像法语名所描述的那样，它们常围绕在甘蓝周围。

喜欢阳光的水果

杏、桃子、油桃、桃驳李……这些果肉甜美多汁又柔软的水果，好像把夏天的所有美好都集于了一身！不要错过它们的好滋味，但同样也不要错过它们的当季时间。

食谱 鲜杏奶酥

准备时间：15分钟
烹制时间：30~35分钟

配料：

- 900克鲜杏
- 2汤匙巴旦杏仁碎
- 7汤匙压缩的野燕麦块
- 2汤匙面粉
- 60克微咸的黄油
- 1小袋香草糖
- 1汤匙粗红糖

1-将烤箱预热到210℃。

2-将杏洗净，去核，切成两半，放在涂有薄薄一层黄油的盘子里，表面撒上一层香草糖，放进烤箱中加热5分钟。

3-准备制作奶酥的面饼。将巴旦杏仁、野燕麦、面粉、黄油和粗红糖混合在一起，用手搅拌均匀。直接把加热后的杏肉盖在上面，然后放到烤箱中，在180℃的温度下烤制20~25分钟。做好的奶酥，凉热皆宜。

食谱 甜桃马鞭草汤

准备时间：15分钟
放置时间：4小时
烹制时间：20分钟

配料：

- 6个熟透的大个黄桃或白桃
- 1个柠檬
- 350毫升水
- 100克细砂糖
- 30片柠檬马鞭草叶

1-用热水烫洗一下柠檬，擦干之后，将果皮剥掉。

2-将桃子去毛，去核，并切成四块，放进汤盆里，在上面淋一层柠檬汁，然后稍微撒一层糖，盖上盖子，浸泡1小时。

3-在锅中加入水、100克糖和柠檬皮，然后煮沸，再用文火煮10分钟，稍微收汤。

4-将桃子连同果汁小心地倒进锅中，用文火煮5分钟后，捞出来保存在汤盆里。再用中火煮5分钟，将锅中的糖浆收汤。然后关火，加入马鞭草。盖上盖子，再浸泡1小时。之后将糖浆倒在桃子上。

5-晾凉后，再放进冰箱中冰镇至少3小时，然后就可以享用了。

历史

杏的别名

最初，人们把它叫作“亚美尼亚苹果”，因为长时间以来人们都认为它产自这个地区。但事实上，它源自中国，是通过丝绸之路来到中东的，这还得感谢亚历山大大帝和他身边的智者们。在法国，杏树的种植开始于18世纪，当时它们被引进到凡尔赛城堡的菜园。太阳王路易十四非常喜欢这种水果，所以给它起名叫“太阳果”。而到了19世纪，一些旅行家在波斯尝到了另一种果肉鲜红的杏子，对他们来说，这种美味多汁的水果就像是“太阳下的蛋”！

健康 苦杏仁

对于李属植物来说，它们果核的仁都包含一种被称为扁桃苷的物质（接近氰化物的一种物质），就是它造成了杏仁微苦的口味。

不过别担心，只有大量食用才可能对健康造成伤害。

故事 还是削掉皮比较好

一个美好的夏日，路易十四的园丁的儿子向国王献上了两个刚刚采摘的桃子。国王平日就很喜欢吃水果，于是吃掉了看起来更漂亮的那个，然后说：“孩子，我很高兴，这另外一个桃子送你了，把它吃掉吧！。”孩子接过了桃子，然后从兜里掏出一把小刀，开始削皮。国王有些不高兴了，喊道：“真是的！你难道不知道桃子不需要削皮吗？”孩子回答道：“陛下，在给你送桃子的途中，我放下篮子去摘桑葚，结果桃子滚到粪堆里了……”

游戏 杏核哨子

1-将一枚杏核清洁干净，然后放在混凝土地面上或砂纸上打磨，几分钟后，你会发现果核上被磨出了一个窟窿。

2-等到窟窿变得足够大（能够从窟窿里看到杏核的边缘），用一根针或者细的锥子将杏核掏空。

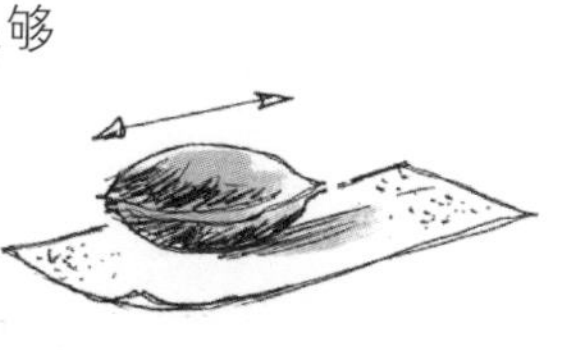

3-用嘴唇对着杏核的窟窿使劲吹，杏核便会发出声响。吹奏出的音乐令人印象深刻，试试吧。

植物学

桃子、油桃还是桃驳李？

很简单就能区分：桃子的表皮长有细细的茸毛，而其他两种的表皮都是光滑的。

而剩下的两种都是源于李树和桃树的嫁接。

不过它们的历史各不相同：油桃是法国本土的品种；而桃驳李则源自美国，它是在第二次世界大战之后才被引入欧洲的。在很长时间里，它都被叫作“杏桃”，但其实和杏子没有一点儿关系。

夏日的果干

杏、草莓、桃子、桃驳李、无花果、甜瓜，甚至西瓜，夏天所有的水果都可以被制成果干，这样即使到了冬天，你也可以品尝到它们的美味。而且，对于孩子们来说，果干的制作过程也可以被当作一种游戏！

活动
制作果干

这个储存易变质食物（比如从花园里采摘的水果）的方法是从祖先那里沿用下来的，但非常有效！脱水处理能有效地阻止细菌和微生物的生长。

如果没有食品脱水器，你可以用烤箱来烘干水果。最理想的是拥有一台通风式烤箱或微波炉，能够在40~50℃的温度下进行烘干，以免食物脱水过快，导致维生素、酶和矿物质流失。

1-准备水果：去掉果柄、果核，然后将水果切成两块或四块（杏），八块（桃子，桃驳李），或者不超过5毫米厚的小片（甜瓜、西瓜、草莓）。

2-将烤箱预热到50℃（不能超过这个温度）。

3-将切好的水果放在烤架或者铺好烤盘纸的烤盘上（最好是放在烤架上，这样就可以对整块水果烘干而不用翻面），果皮朝下。

4-将水果放进烤箱，随时关注烘干的过程，并且时不时地打开下烤箱门，减少水汽的凝结。烘干的时间取决于水果的厚度和水分，但肯定要控制在8~24小时。

食谱
甜瓜干烤松饼
（或者搭配其他果干，根据你的喜好）

配料：

用来制作6块松饼
- 半小包酵母
- 50克燕麦
- 100克面粉
- 70克糖
- 2个鸡蛋
- 100毫升橄榄油
- 50克甜瓜干
- 6小块巧克力

1-将燕麦、面粉、糖和酵母倒进沙拉碗里，混合均匀。在中间挖一个小坑，倒入鸡蛋和橄榄油。用打蛋器不断搅拌，从而得到均匀的面糊。

2-将准备好的甜瓜干切成小块，倒进混合好的面糊里。

3-将面糊倒在制作松饼的模具里，只装满四分之三即可，加一小块巧克力，让巧克力块稍稍嵌入其中。但要让巧克力块的表面高于面糊的表面。

4-放到烤箱里，在180℃的温度下烤制15~20分钟。

5-等到烤好的松饼完全冷却后，再从模具中取出。

杂活

搭建一个太阳灶

可以搭建一个太阳灶，来充分利用免费而充足的太阳能。不过要小心，太阳灶的温度最高会达到120℃。

1-按照图示的方法裁剪4块聚氨板：1块60厘米x45厘米大小的当作底部，后面的1块挡板面积为35厘米x45厘米，两边的2块板尺寸应为65厘米x45厘米x35厘米，底板的上面再铺一块黑色的钢板。

2-用钉子和强力玻璃胶把几块聚氨板固定好，再用胶在四周（内侧）固定一圈角铁，以便玻璃板能搭在上边。

3-将烤盘放进太阳灶，罩上玻璃，用密封条把它密封起来。

4-太阳灶并不会太重（大概5~6千克），但比较占地儿，而且很烫。使用太阳灶的时候要小心，把带玻璃的一面朝向太阳，记得每过一刻钟，就稍微调整下灶的角度。

如果忘记这么做，不要担心，因为并不会烤焦任何东西，当然也烤不熟。

材料：

- 2块4毫米厚的玻璃板：1块为40厘米x45厘米，1块为28厘米x45厘米
- 1厘米x1厘米的铝制角铁（1毫米厚）：2条长度为27厘米，2条长度为45厘米，2条长度为39厘米
- 4块5厘米厚的聚氨板
- 1块35厘米x50厘米的钢板，厚度为4毫米
- 耐热的黑色漆料
- 3厘米长的钉子
- 玻璃胶

食谱  水果蛋糕

1-前一天晚上，提前将无花果浸泡在一大碗冷水里。

2-将无花果捞出，沥干，然后连同鸡蛋黄、牛奶、油或熔化的黄油、香草、酵母和小苏打一起倒入搅拌机的专用小碗里，搅拌均匀，得到顺滑但微微起泡的糊状物。

3-将烤箱预热到180℃。

4-将杏和李子干切成小块。

5-将蛋清打成泡沫状蛋液。

6-在一个大沙拉碗里，将面粉和果干（杏干、李子干和樱桃干）混合均匀，把搅拌好的无花果糊倒进去，再把蛋液缓缓倒入，并用锅铲不停搅动。

7-将搅拌好的面糊倒入提前涂好油或者黄油的模具里，在160℃的炉温下烤制50~60分钟。用一根牙签来试试面包的成熟度：如果牙签被拔出来的时候没粘东西，就可以出炉了。

8-等蛋糕完全冷却后再从模具中取出即可。

准备时间：30分钟
烹制时间：50分钟到1小时

配料：

- 150克无花果干
- 100克樱桃干
- 100克杏干
- 100克去核李子干
- 150克面粉
- 4个鸡蛋
- 100毫升牛奶
- 100毫升植物油（葵花籽油或葡萄籽油）或者100克熔化的黄油
- 1咖啡勺香草精
- 1小包酵母
- 2小撮小苏打

秋天……

秋天的市场

又到了大丰收的季节，也是时候让孩子们去发现一些“被遗忘”的蔬菜了。为什么要这么做？因为它们真的很美味！

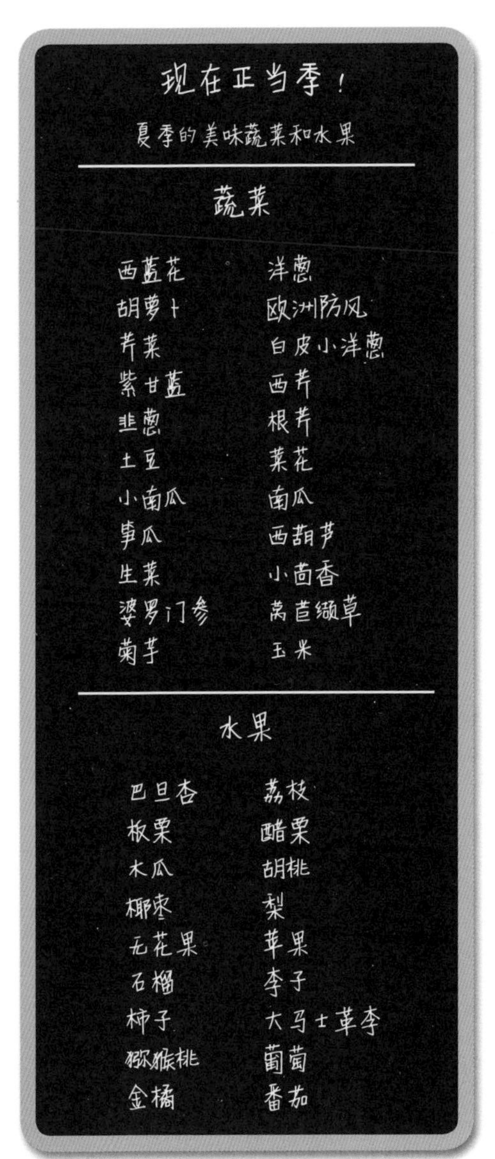

食谱

菊芋（鬼子姜）煎土豆饼

这种蔬菜拥有一种能够让孩子们开心的魔力：吃过它之后，无论喝什么都会觉得甜甜的！这道菜源自第二次世界大战期间，在当时，这可是一道让部队维持生存的菜肴。

准备时间：20分钟
烹制时间：20分钟

配料：

- *10个菊芋*
- *1根分葱（油葱）*
- *1个鸡蛋*
- *2汤匙面粉*
- *盐，胡椒，油*

1-将菊芋削皮，擦成丝儿。再将分葱剥皮，切成碎末。

2-在沙拉碗里将鸡蛋打成蛋液，加入分葱末、菊芋丝和面粉，搅拌均匀，根据自己的口味适量加入盐和胡椒。

3-在锅中加入一点橄榄油，把搅拌好的面糊做成小饼，放在锅里，两面分别用文火煎10分钟。

小窍门：这种蔬菜非常好消化。所以，如果你不想过多摄入，可以先用水焯5分钟。

食谱 烤甘蓝薯条

准备时间：20分钟
烹制时间：20分钟

配料：

- 半个芜菁甘蓝（大约750克）
- 35克面粉
- 2小撮红辣椒面
- 1咖啡勺咖喱粉
- 半咖啡勺盐
- 半咖啡勺姜黄末
- 2汤匙橄榄油

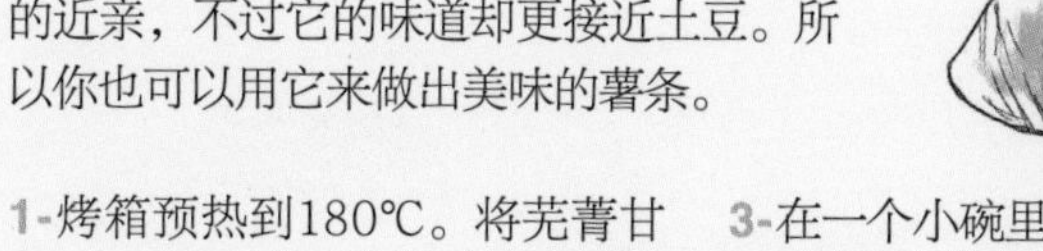

芜菁甘蓝又名洋疙瘩、洋大头菜，是萝卜的近亲，不过它的味道却更接近土豆。所以你也可以用它来做出美味的薯条。

1-烤箱预热到180℃。将芜菁甘蓝顶部的蒂去掉，然后切成两半，削去硬皮，并清洗干净。

2-将芜菁甘蓝切成1.5厘米厚的片状，再改刀切成1.5厘米宽的条状。切好的甘蓝条放在大碗里，加入橄榄油搅拌均匀。

3-在一个小碗里，加入面粉、盐和调味香料，搅拌好后倒入装有甘蓝条的碗里。

4-在一个小碗里，加入面粉、盐和调味香料，搅拌好后倒入装有甘蓝条的碗里。

实践

保存水果和蔬菜

掌握了下面这些规则，你就可以让蔬菜和水果保存更长的时间了。

1-番茄可以挂在车库里。

2-土豆则存放在地窖里。

3-笋瓜就放在厨房里。

4-榛子和核桃，放在篮子里，悬挂在厨房或谷仓里。

5-大蒜和洋葱，编成发辫状，悬挂在厨房里。

6-新鲜的苹果和梨，要整齐地摆放在木条箱里，放在阴凉处。

7-胡萝卜和欧洲防风（又名芹菜萝卜），要存放在地窖的阴凉处。

8-甘蓝和韭葱，放在地上就好。

食谱 

螺丝菜

准备时间：25分钟
烹制时间：25分钟

配料：

- 1千克螺丝菜
- 粗盐
- 75克黄油
- 1个蛋黄
- 150毫升液态鲜奶油
- 1~2汤匙香芹末或细叶芹末
- 精盐，胡椒

螺丝菜又名宝塔菜、甘露子，是一种白色的块茎，每年11月到次年3月之间可以在菜地里找到它的身影。螺丝菜的口感脆甜细嫩，绝对值得你关注！

1-在屉布上面铺一层粗盐，然后把螺丝菜放在上边。

2-用手来回搓揉，把螺丝菜表面那层薄膜搓掉，然后放在冷水中冲洗干净。

3-把洗干净的螺丝菜放进一锅烧开的盐水中，煮大概15分钟。

4-把螺丝菜捞出，沥干，放在加入黄油的煎炸锅中煸10分钟。

5-利用这段时间，将蛋黄与奶油、盐和胡椒混合在一起搅拌均匀，然后倒在螺丝菜上。不断搅拌，不要让锅里的混合物沸腾。

6-再在锅里开小火咕嘟几分钟，趁热盛在餐盘里。

7-在上面撒一层调料，然后再加上一些切碎的香芹末或细叶芹末。

葡萄丰收啦

不，我们并不建议你每年给孩子们安排一次葡萄排毒疗法，不过这些美味的水果能为你提供一顿完整的大餐，包括头盘、甜点……以及饮料！

食谱 胡萝卜葡萄干沙拉

1-将葡萄干放在温水里浸泡。将胡萝卜削皮，并切成1厘米厚的条状，把大蒜切成薄片。

2-在小锅里倒上橄榄油，将蒜片放进去煸一下，不等它变色，就加入胡萝卜、孜然、姜末、桂皮粉，翻炒搅拌均匀。

3-加盐，再加入水，直到盛满锅的四分之三，用中火煮10~15分钟，时不时搅拌一下，确保胡萝卜肉质紧实而不会煮碎。

4-将葡萄干，连同糖、柑橘皮一同放进锅中，再用大火煮2~3分钟。如果需要，可以稍微加点儿水。最终，锅里的水应该变成糖浆状，而胡萝卜则变得发亮。

5-将胡萝卜盛在盘中，冷吃热吃都很美味，吃的时候可以再撒上一些香菜末或香芹末。

准备时间：10分钟
烹制时间：15~20分钟

配料：

- 800克胡萝卜
- 2汤匙金色葡萄干
- 1瓣蒜
- 4汤匙橄榄油
- 1咖啡勺细砂糖
- 半咖啡勺孜然面
- 1小撮姜末
- 1小撮桂皮粉
- 1咖啡勺柑橘皮
- 1汤匙香菜末或香芹末
- 盐

历史 像西班牙一样迎接新年

1909年的西班牙，葡萄大丰收，甚至出现了过剩。为了使库存的葡萄流入市场，当时有一些具有营销头脑的葡萄种植者发出倡议：每个西班牙人在12月31日午夜吃12颗葡萄，而且大家都要伴随着钟声的敲响来一起完成这个举动。也就是说，座钟每敲响一声，人们便吃掉一颗葡萄，直到12声钟响结束。从那以后，这就变成了西班牙人迎新年的一个传统，直到今天。等到明年新年，不妨试试看，你会发现这并没有想象的那么简单。

食谱 葡萄干奶油蛋糕

准备时间：15分钟
烹制时间：40~45分钟

配料：

- 30克葡萄干
- 1串白葡萄
- 60克微咸黄油
- 150克面粉
- 100克糖
- 3个鸡蛋
- 600毫升牛奶
- 1个香草荚
- 2汤匙酸酒（酒精会在烹饪过程中挥发掉）

1-将烤箱预热到200℃。

2-将葡萄干放在酸酒里泡发，把香草荚切成两半，将里面的果实扒出来。

3-将牛奶和葡萄干、香草荚一起倒入锅中煮沸，然后盖上锅盖浸泡一会儿。

4-在蛋糕模具里抹上黄油，然后撒一层洗净、沥干的鲜葡萄，再撒上葡萄干。

5-准备面糊：在一个汤盆里，将面粉和糖混合在一起，中间挖一个小坑，然后把鸡蛋一个一个磕开倒进去，然后用木勺搅拌均匀，直到获得丝滑、均匀的面糊为止。

6-将香草牛奶一点一点地倒进面糊中，不断搅拌。将调制好的面糊（黏稠度就和制作煎饼的面糊一样）倒进装好葡萄的模具里，再撒上一层黄油屑。

7.放进烤箱里烤制40~45分钟，然后等它自然冷却。

实践 制作葡萄醋

制作葡萄酒是一个漫长而复杂的过程，不适合与孩子们一起完成。不过，你倒是可以考虑和孩子们来一起制作葡萄醋。取一些葡萄酒放在足够温暖且通风良好的角落里，细菌会在酒的表面聚集形成发酵源，慢慢地发酵，把酒精转变成醋酸。大概等6~10个星期后，你就可以得到名副其实的葡萄醋了。

食谱 鲜葡萄汁

准备时间：12小时
放置时间：22小时

配料：

用来制作1升果汁

- 2~3千克鲜葡萄

工具：

- 一个捣菜泥器或一台搅拌机
- 一块细纱布（一块滤布）
- 一个大盆

1-采摘或购买一些熟透而多汁的葡萄。

2-把葡萄洗净，然后放到捣菜泥器里捣碎，把葡萄果泥连同果汁一起放在冰箱里冷藏12小时。

3-将果肉倒在滤布上，下面放一个大盆。

4-把滤布卷起来，尽可能多地挤出葡萄汁。然后把它挂在盆的上方10小时左右，让葡萄汁都流到盆里。每隔两小时就使劲拧一拧滤布，然后把挤出来的葡萄汁收集起来。

5-请在72小时内享用（如果超过这个时间，葡萄汁便会发酵）。另外，如果葡萄汁里出现少许沉淀物，请不必担心，这可是品质的象征哟！

小窍门

用这些葡萄汁，你还可以制作美味的果汁冰糕：加入相当于果汁重量三分之一的糖，充分溶解并搅拌均匀后，放入冰糕调制器或冰箱冷冻室里即可。同样，还可以拿果肉来制作糖渍水果或果酱。

美味的苹果

苹果当然可以就这么直接啃着吃，这样已经足够美味了，但是用苹果还能够做出很多美味哟。别再犹豫啦，这些美食孩子们一定想不到！

食谱

爱情果

准备时间：5分钟
烹制时间：8分钟

配料：

- 4个小苹果
- 300克糖
- 1杯水
- 1汤匙柠檬汁
- 几滴红色的食用色素
- 4根筷子

1-将苹果柄朝上，然后扎在筷子上，但注意不要把苹果扎透了。

2-在一口平底锅中加入糖和水，用文火煮8分钟左右，让糖充分溶解，形成焦糖。等锅里的焦糖呈现漂亮的琥珀色时，加入柠檬汁，然后关火（这个步骤应该由成年人来完成，而且要小心糖汁飞溅出来）。加入红色食用色素，然后静置2分钟。

3-把锅倾斜放置，然后把苹果（果柄朝下）直接泡进焦糖里，并在里面转一转，以便苹果表面完全被焦糖包裹。

4-把苹果放在油纸上晾凉，这样就做好了。

食谱

果泥干

准备时间：20分钟
烹制时间：7~8分钟

配料：

- 8个超甜的苹果（红香蕉苹果或者黄香蕉苹果）
- 1汤匙蜂蜜

1-将苹果削皮，去核，然后切成小块。

2-把苹果块放进微波炉或者加入2汤匙水的带盖平底锅中焖熟，再加入蜂蜜，仔细搅拌成果泥状。

3-把果泥晾凉，然后在一个烤盘上平铺一大张油纸，将果泥均匀地铺在上边，厚度大约为3毫米即可。

4-放进通风式烤箱里，在70℃的温度下烘干4~6小时。时不时地打开烤箱门，以便水汽可以发散掉。

5-等到果泥达到预期的硬度，就可以出炉了。晾凉后从油纸上取下，用剪刀裁剪成需要的尺寸。

小窍门：可以把果泥干保存在铁盒里，并在早餐或下午茶的时候享用，跟吃水果是一样的。可以同时多做几片，这样能够充分利用烤箱的热能，而且孩子们难以抗拒这些美味，很快就会再来一点。

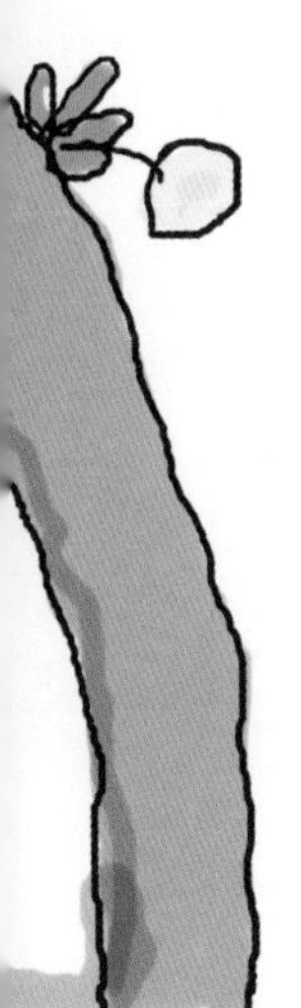

食谱  苹果焦糖

准备时间：10分钟
烹制时间：20分钟

配料：

用来制作一碗焦糖

- *2~3个酸苹果（约250克果肉）*
- *60克细砂糖*
- *60克粗红糖*
- *60毫升水*
- *15克微咸的黄油*
- *2汤匙浓浓的鲜奶油*

1-将苹果削皮，切成丁，放在微波炉里加热4~5分钟。用叉子碾碎或者用搅拌机搅拌均匀，做成苹果泥，留在一旁备用。

2-将白糖和粗红糖放入锅中，加60毫升水，加热，使糖彻底溶解，并熬制成琥珀色的焦糖。关火，加入黄油和奶油（加的时候要小心糖汁喷溅出来），拿木勺用力搅拌。

3-将苹果泥倒进去，混合均匀，然后继续用文火煮2分钟，放凉之后就可以食用了。

这种自制的苹果焦糖可以抹在面包片上，或者加到酸奶、冰激凌、牛奶米饭或水果沙拉里食用，都很美味哦！

游戏 “切”苹果

在享用这些美味之前，不妨来做个游戏，试着把这些水果切成各种有趣的形状吧！

三种简单的形状

对于前两种来说，切开的苹果上下两部分的形状正好是相对的，所以你只需要按照锯齿或者雉堞的轨迹来切就好了。

第三种则不太一样：从苹果的上边垂直地切两刀，使这两个切口平行，并且深度都正好是整个苹果高度的三分之二。再用刀从两条切口之间的位置分别从两侧横着各切一刀，使两刀的切口正好可以贯通。然后，你就可以把上边这部分从苹果上拿出来了。

苹果做的小水车

要想制作这个水车，需要用到两个苹果。第一个苹果按照上面的方法，在三分之二的高度挖一个空槽。再用勺子把下面三分之一部分的中间果肉掏空。拿第二个苹果，纵向从中间切一整片尽可能厚的苹果，然后切成齿轮状。把切好的“齿轮”穿在一个轴上（比如一根细木棍或者毛衣针），然后把这个轴嵌在第一个苹果的切槽两侧。这个小水磨在水龙头下或者泉水下都可以很好地转动起来。

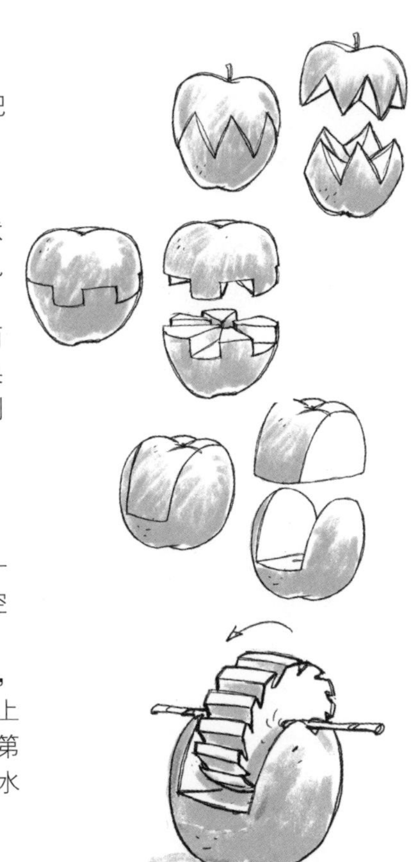

坚硬的果壳，柔软的果仁

砸开胡桃，砸开榛子，取出中间美味的果仁，来动手制作各种小玩具吧。

食谱 家常榛子糊

准备时间：5分钟
烹制时间：10~15分钟

配料：

用来制作一罐榛子糊

－200克去壳的干榛子仁

小窍门：你也可以用核桃、杏仁来代替榛子。

1-将烤箱预热到140℃。

2-把榛子铺在烤盘上，在烤箱里焙烤10~15分钟（味道会很香），看到表皮变得油亮而出现碎纹时便可取出来，晾凉。

3-把榛子仁放在屉布里，用手反复搓揉，去掉它的表皮。把剩下的果仁放进搅拌机或榨汁机的碗里，搅拌之后会得到很细的榛子粉。

4-用刮刀把粘在碗壁上的粉末刮下来，然后再搅拌一次。如此重复数次，直到榛子粉慢慢变成糊状。

5-继续搅拌，让榛子糊变得越来越顺滑。的确，这需要花些时间，但这个过程很神奇，不是吗？在这个过程中，可能需要停顿几次来清洁一下搅拌机，以便它能更好地运转。如果你觉得榛子糊太过浓稠，可以加一勺榛子油或葵花籽油。

游戏 会跳的核桃

把橡皮筋箍在核桃壳外边，把火柴棍插在橡皮筋中间，拧动火柴，使橡皮筋绷紧；把火柴扳到反方向，再将核桃壳扣过去，把手松开——核桃就会朝任意方向跳起来了！

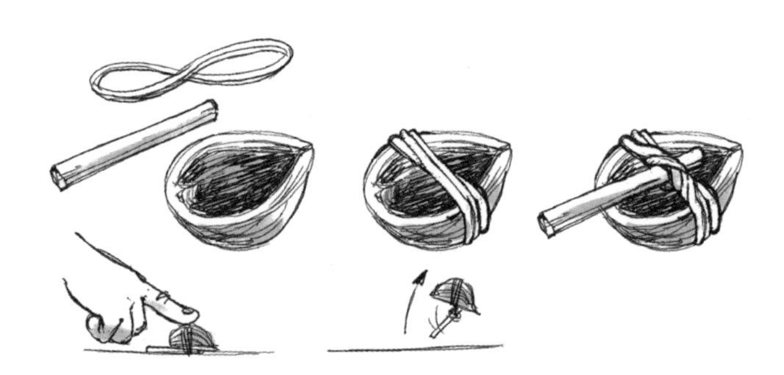

小窍门

徒手开核桃

在孩子们面前表演用手砸开核桃，会让他们相信你是这世界上最强的人！要想有效地用手砸开核桃，同时又不会伤到手，你需要拿两颗核桃，让它们中间的凸缝相对，然后竖直地摞在一起，接着用手使劲挤压，其中一颗核桃便会裂开。那要如何打开第二颗核桃呢？这时候就需要第三颗核桃了……

游戏 能发出哨声的核桃

小心地砸开一个核桃，使一分为二的核桃壳保持完整。将里面的核桃仁掏空（别把它们扔了，好好品尝一下滋味），用钻孔器分别在两边各钻一个孔。将一根长长的细绳穿过其中一边的孔里，然后系一个结。用胶把两半核桃壳粘紧，然后拽着细绳的一端使它快速旋转起来，你可能会听到某种鸟叫的声音……

食谱 巧克力榛子酱

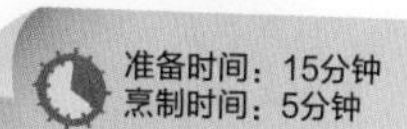

准备时间：15分钟
烹制时间：5分钟

配料：

- 160克榛子糊（做法参见上一页）
- 100克黑巧克力
- 180毫升牛奶
- 60克奶粉
- 50克细砂糖或粗红糖
- 40克可可粉

的确如此，没有一个孩子能抵挡住巧克力榛子酱的诱惑。如果让孩子们亲自来制作属于自己的巧克力榛子酱，而不是去买现成的，是不是更有趣呢？而且自己制作的巧克力榛子酱，里面是不含棕榈油的哟！

1-在一口小锅里，用文火把巧克力熔化掉，再加入榛子糊，搅拌均匀，然后晾凉。

2-将奶粉、可可粉和砂糖在碗里混合好，然后倒入牛奶，并用打蛋器搅拌均匀。

3-将调好的可可奶倒入盛有巧克力榛子糊的锅中，用文火加热1~2分钟，并不断搅拌。关火，继续搅拌，直到锅里的巧克力榛子酱变得细腻顺滑。

4-将做好的巧克力榛子酱倒在小罐里，在冰箱里可以保存一个月。当然，你得把它藏好，别被孩子们发现了。

游戏 用核桃做的陀螺

1-在一个完整的核桃上钻孔，上下打通。然后借助一根针来把里面的核桃仁清理干净。确实，这方法并不容易，更简单的方法是把核桃壳一分为二，将里面掏空，再粘起来。

2-在孔里插一根木柄（榛树枝或白蜡树枝），作为陀螺的轴。当然，要提前打磨成图示的样子，同时也让木棒变得更光滑，再用胶合板做一个小转柄备用。

3-在中间的轴上拴一根细绳，另一端拴在转柄上，然后从核桃壳中穿出来，陀螺就做好了。把陀螺放在平地上，用力拽细绳，陀螺便旋转起来了！

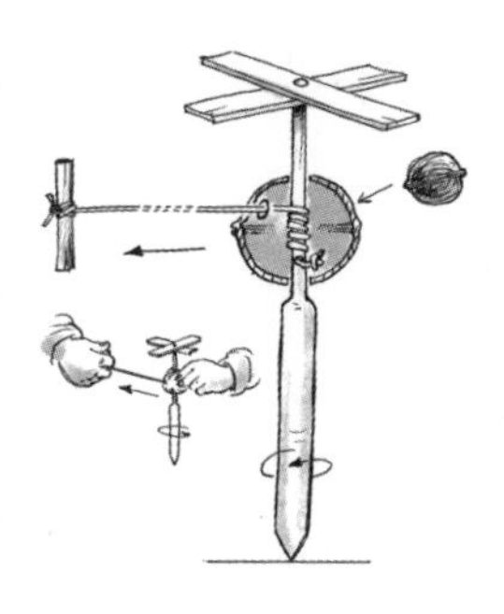

野外下午茶

秋天，大自然变得特别慷慨，为我们提供了种类繁多的小野果子。它们独特的美味，是你在果蔬市场上找不到的！

食谱  蔷薇果酱

准备时间：30分钟
烹制时间：1小时

配料：

用来制作3罐果酱

- *1.3千克完整的犬蔷薇浆果（大约可以出1千克果肉）*
- *300毫升水*
- *600克糖*
- *1个柠檬*

玫瑰，你肯定是认识的，但野玫瑰呢？它也被人叫作犬蔷薇。它的果实是红色的，形状像半个橄榄一样，果实的名字也很特别：犬蔷薇浆果。别因为这个名字太复杂就放弃它哦，这些果子可是相当美味而且富含维生素C呢！

1-在霜冻到来之前，采摘那些已经成熟的浆果。最好选择那些不在集中种植区或路边的果树，而且只采摘够用的浆果就好；同时别忘了采取必要的保护措施，毕竟犬蔷薇既然被叫作野玫瑰肯定是有道理的：它也有刺，会扎人！

2-用小刀把浆果顶上黑色的花蒂剜掉，然后放进锅里，加入足够的水（盖过浆果），煮大概30分钟，直到浆果变得足够软烂。

3-把煮过的浆果倒在捣果泥器里，加入一点点煮水果的汤汁，捣烂后用滤网把果皮滤掉。

4-将果肉放在一口厚底的平底锅或者一个做果酱用的盆里，加入糖、柠檬汁，如果需要的话就再加一点点水，用文火煮20~30分钟，并在煮的过程中不断搅拌。当锅里的果泥变成类似番茄沙司的颜色且质感如奶油一般时，就可以关火了。

5-将果酱倒入清洗干净的小罐中，盖紧盖子，反复颠倒转动小罐，直到里面的果酱完全冷却为止。

游戏 野蔷薇果刺毛——经典的恶作剧道具

在过去，犬蔷薇果也被叫作“刺毛果”，你很快就会知道这是为什么。

*采摘几颗熟透的浆果。

*把它们放在一锅沸水中煮5分钟，然后冷却。

*把果子切成两半，取出那些令人痒痒的茸毛，把它们晾干。

就是这些茸毛，是这个经典恶作剧的道具！

你可得小心地使用这些野蔷薇果刺毛，千万不能都给到孩子手里。不然，你就惨了……

食谱 花楸果酱修颂派

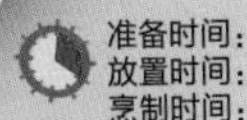

欧洲花楸树不是特别常见，但绝对独特。它会结出黄色的“小苹果”，每年第一次霜降之后，便是采摘这些果子的季节了。

配料：

- 300克欧洲花楸的浆果
- 500克面粉
- 250毫升牛奶
- 2个鸡蛋
- 70克细砂糖
- 1汤匙油
- 15克酵母
- 半咖啡勺盐
- 1咖啡勺桂皮粉

1-将酵母和温牛奶搅拌在一起，加入鸡蛋、盐和10克糖，再一点点撒入面粉，接着倒上油，不停搅拌，直到面团变得柔软为止。把面团揉成球状，然后盖上盖子，发酵2~3小时。

2-在面团发酵好后，从盆中取出，放在撒有面粉的案板上按揉，然后再让面团受热发酵2小时。

3-将花楸浆果放进锅里，加入剩下的糖和3勺清水，用文火煮大约20~30分钟。将煮好的浆果倒在滤网里，用力挤压，把果肉收集起来。

4-按揉面团，然后放在撒有面粉的案板上擀成片状。借助蛋糕模子，将它切成一个个直径10厘米左右的圆片。在面片上抹一层打好的蛋液，舀一勺果泥倒在半边面片上。

5-将另一半面片翻折起来，盖在果泥上，然后用手指把边捏合在一起，做成半圆形的派（注：做法类似包饺子）。把包好的派都放在铺有油纸的烤盘上，静待20分钟，等派发起来。

6-然后在派表面涂好一层蛋液，放进炉温190~200℃的烤箱里烤制30分钟。烤好的修颂派口感膨酥，色泽金黄。

欧洲花楸树

食谱 木瓜小蛋糕

准备时间：20分钟
烹制时间：50分钟

配料：

- 2个木瓜（或300克熟果肉）
- 100克糖
- 半咖啡勺柠檬片
- 50克黄油
- 125克面粉
- 1咖啡勺酵母
- 2小撮小苏打
- 2个鸡蛋
- 2汤匙牛奶
- 2汤匙橙汁
- 1咖啡勺柑橘皮
- 90克橄榄油

1-先处理木瓜：将木瓜削皮，切成四块，将中间的籽挖掉（木瓜的果肉很厚，有点儿硬）。

2-将糖倒进锅里，加一小杯水使其溶解，加入柠檬切片和木瓜块，盖上锅盖，用文火咕嘟30~35分钟。将木瓜煮成半熟，然后沥干，切成小丁。

3-将烤箱预热到180℃。将黄油熔化，再将面粉和酵母筛一下。

4-用一个大沙拉碗，或者直接用搅拌机的小碗，将糖和柑橘皮一起加进去，再加入鸡蛋，搅拌成泡沫状液体。

5-加入牛奶、面粉、酵母和小苏打，搅拌均匀，当面糊变得足够顺滑的时候，加入橙汁、熔化的黄油和橄榄油。

6-在涂有黄油的小蛋糕模具里倒入三分之一的面糊，加上一层木瓜丁，然后再加一层面糊，最后上面再加一层木瓜丁。

7-放进烤箱中烤制20分钟左右，直到蛋糕变成金黄色，并且和模具表面脱离，就可以出炉了。等蛋糕晾凉，从模具中取出，就可以享用了。

扎人的美味佳肴

长久以来，栗树一直都是人们的忠实伙伴。在你的家里就很可能会找到栗木的身影：小到菜篮，大到屋梁，甚至包括一些旧玩具……特别是，它们的果实——栗子，真的很美味。

植物学

两种栗子，如何区分？

从植物学的角度来说，其实很简单：两种栗子生长在两种不同的树上。其中可食用栗子生长在栗子树上，包括野生的和人工种植的，是可食用的；而毒栗子则生长在七叶树上，是有毒的。在美食食谱中，栗子炖火鸡、冰糖栗子、栗子酱……都是用人工种植的栗子烹制的。

*可食用的栗子，生长在一个像刺猬一样、长满针刺的壳斗里，尖上长有一小绺茸毛，是由花的雌蕊演变而成的。

*毒栗子是七叶树的果实，它生长在一个长着稀疏针刺的绿色硬壳里面。

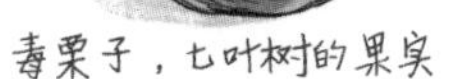

食谱

炒栗子

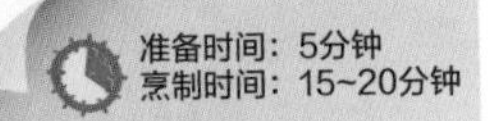

配料：

－1千克栗子，就这样！

1-用一把带尖儿的刀子，在栗子壳下边颜色最浅也最软的地方划一道口子，以便炒栗子的时候，蒸汽能够从壳斗里发散出来，这样也能阻止栗子被炸得四分五裂。

2-把开口的栗子放进不粘锅里，在上面淋一点水，然后盖上锅盖。当然，最好是使用炒栗子专用的锅（就是那种厚底、但底部会有很多小坑的锅）。

3-放在锅里焖15~20分钟，或者等到栗子壳变软，能够很容易剥开为止。在这个过程中要经常翻炒下，以免栗子烧着了。

4-将栗子倒进屉布里，用手把栗子壳挤裂，然后在屉布里放5分钟，再剥掉栗子壳。

5-现在你可以品尝热气腾腾的栗子了，很美味哟！

食谱 栗子面曲奇饼干

在法国的某些地区，比如科西嘉和塞文山脉，人们在很长时间内使用栗子代替谷物来制作面包。当然，这是为了生存，别无选择！如今，你不妨带孩子们一起来了解下这种香甜可口的特殊面粉！

1-将烤箱预热到180℃。

2-在一个沙拉碗里，分别筛一层面粉、小苏打、酵母和盐（注意，酵母不能直接和盐接触，否则会失去发酵的作用）。

3-用搅拌机或打蛋器把黄油、糖和香草精搅拌成顺滑的泡沫状液体，加入鸡蛋，再一次搅拌。将提前筛过的面粉等配料慢慢撒进去，混合均匀即可，但不要过分搅拌面糊。

4-如果你打算制作不同口味的曲奇饼，可以先把面糊一分为二，然后慢慢加入所选的配料，并搅拌均匀（也不要过度搅拌，这是曲奇饼干成功的秘诀）。

5-用勺子或者直接用手拿起一小块饧好的面，用手揉成大小均匀的小球状（像乒乓球一样大小），以便在烤制的时候受热均匀。

6-把揉好的小面球放在铺好油纸的烤盘上，每个小面球之间相隔至少6厘米，然后用锅铲把它们轻轻压扁。把烤盘放在烤箱的中部，烤制14分钟，直到曲奇饼干变成漂亮的金黄色。

7-在端出烤箱的时候，曲奇饼干可能还没有完全成形，甚至一碰就会碎掉，这是完全正常的。让它们在烤盘中冷却下，便能真正定型了。

准备时间：25分钟
烹制时间：15分钟

配料：

用来制作12大块曲奇饼干

- 120克软黄油
- 150克粗红糖
- 1咖啡勺液体香草精
- 1个常温的鸡蛋
- 140克栗子面
- 100克优质小麦面粉
- 半咖啡勺小苏打
- 1咖啡勺酵母
- 半咖啡勺盐
- 175克自选配料：黑巧克力块、白巧克力块、核桃仁、榛子仁等

小窍门 巧剥栗子壳

所有剥过栗子壳的人都知道，想要把栗子剥干净（要脱掉它的两层皮，外边那层厚厚的壳和里面那层裹着果肉的薄膜）是一件费时又烦人的工作，除非你按照下面的窍门试试看。

首先，先仔细把栗子洗干净，扔掉那些漂浮在水面的栗子，因为它们已经被小虫子捷足先登了。

方法1：借助微波炉

在栗子面积最大的一侧壳上划一个十字花刀，然后放进微波炉里，全火力加热一分钟后开始剥壳——两层皮一下子就都剥下来了！

方法2：浸泡一整夜

先用刀子把棕色的栗子外壳剥掉（一定要小心手指头），然后把剥好的栗子泡在一锅水里，浸泡一整夜。泡好后的栗子再在锅里煮沸，这样壳内那层栗子皮就会很容易地剥下来，只是在剥栗子的时候会很烫！

方法3：冷冻栗子法

将栗子一切两半，冷冻2~3小时。不能冻得太久，因为超过这个时间，你最终收获的可能就只是栗子泥了。

烧一锅沸水，把冷冻过的栗子放进沸水中，然后再把水烧至沸腾。接下来就是见证奇迹的时刻，两层果皮会自动从栗子表面上脱落下来。

如此美味的蘑菇！

孩子们不喜欢去森林里漫步？那就把它变成一次“采蘑菇之旅”吧，他们一定会喜欢！如果你担心找不到足够多的蘑菇，那不妨去市场上转转，那些所谓的“野生”蘑菇都有得卖……

食谱

蘑菇浓汤

准备时间：15分钟
烹制时间：30分钟

配料：

- 500克蘑菇（单一品种或者几种混合都可以）
- 2个肉质坚实的土豆
- 20克黄油
- 半瓣蒜
- 1个洋葱
- 1升鸡汤
- 1汤匙鲜奶油

1-把蘑菇清洁干净，并将土豆切成丁。

2-在一口大锅里，将蒜放在黄油里煎一下，但别过火了，然后加入切碎的洋葱，用文火翻炒10分钟。

3-把土豆和蘑菇倒进去，再加入热鸡汤，使鸡汤盖过锅里的蔬菜，然后煮15~20分钟。

4-搅拌一下，再加入一汤匙鲜奶油点缀，就完成了。

食谱

蘑菇干酪火腿蛋糕

准备时间：20分钟
烹制时间：35~40分钟

配料：

- 1个分层的黄油面团
- 400克林中采摘的鲜蘑菇（牛肝菌、鸡油菌、小蘑菇、喇叭菌）
- 250克半软的干酪屑
- 200毫升鲜奶油
- 2个鸡蛋
- 1瓣蒜，切碎
- 1根分葱，切碎
- 2汤匙香芹末
- 2汤匙油
- 胡椒
- 125克肥肉火腿丁

1-仔细将蘑菇清洗干净，然后切片。将蒜剥皮、切碎，再将香芹切碎。

2-在一口煎炸锅中将油加热，把蘑菇片倒进锅里，用大火煎5分钟，使蘑菇脱去水分。

3-加入分葱、蒜末和香芹末，再倒入肥肉火腿丁，搅拌翻炒，撒上胡椒，用中火煸炒5分钟。

4-将烤箱预热到200℃。

5-将和好的黄油面团摊开在铺好油纸的蛋糕模具里，用叉子在表面扎一些窟窿，然后烤10分钟。

6-端出烤箱，把煎炸锅中炒好的作料分摊在烤过的“蛋糕”表面。

7-在一个碗里，用叉子把鸡蛋和奶油打成均匀的液体，慢慢倒在“蛋糕”上，再撒上一层干酪屑，整个放进烤箱里烤制25分钟。把烤箱关闭后，再焖5分钟，然后就可以端出品尝了。

食谱 秋香菌菇煨蛋

准备时间：20分钟
烹制时间：10~15分钟

配料：

用来制作4份煨蛋
- 2个大个的牛肝菌
- 4个鸡蛋
- 10颗榛子
- 60克奶酪
- 100毫升液态奶油
- 4汤匙鲜奶油
- 1根分葱
- 4根细香葱
- 橄榄油
- 盐，胡椒
- 1小块肉豆蔻

1-将榛子切碎，放在锅中干煸几分钟，备用。

2-在同一口锅中，加入一点橄榄油，然后把分葱末和切好的蘑菇丁放进锅里煸炒5分钟。

3-将烤箱预热到180℃。

4-在一个碗里，把两种奶油、奶酪屑、炒好的分葱和牛肝菌、细香葱一起混合均匀，撒上盐和胡椒，再加上一小块肉豆蔻，仔细搅拌均匀。

5.将准备好的配料铺在涂过黄油的小烤盘上，用勺子背轻轻按压，使中间形成一个小坑。将鸡蛋的蛋清和蛋黄分离开，把蛋清倒入小坑里，蛋黄留在一边备用。

6-将烤盘放入烤箱，烤制10~15分钟，当蛋清凝固后，再倒入蛋黄，然后继续烤制3分钟。将烤盘端出烤箱，而蛋黄依靠余温仍在继续加热。

7.在表面撒上一层碎榛子仁，然后趁热享用。

园艺

培植蘑菇

在森林中漫步的时候，你肯定会碰到北风菌，这是一种生长在树墩上的扇形伞盖菌。在做摊鸡蛋的时候加入一些这种蘑菇，那可是相当美味的。不过有时候你可能会辨认不出它们的身影（或者在大自然找不到它们的踪迹），那么不妨自己来培育这种蘑菇吧！

1-在园艺店里买一些菌丝体或菌种。

2-在花园阴凉又背风的角落里放置一堆潮湿的稻草。

3-在上面覆盖薄薄一层土壤，播上北风菌的种子。将稻草的温度保持在7~18℃之间。

4-如果顺利的话，一个月之后，你就可以看到北风菌生长出来了。

活动

蘑菇干

能品尝到鲜蘑菇的季节实在是太短暂了，那么，如果你收获了不少的蘑菇，为什么不把其中一部分做成蘑菇干呢？这样就能更长久地享用它的滋味了。

1-将蘑菇切成3毫米厚的薄片，放在干净的或是铺有油纸的烤盘上。

2-将烤盘放进炉温不超过50℃的烤箱里，让烤箱门保持微开的状态。如果你的烤箱有热循环功能，这个时候可以开启。否则，可以借助通风机来使空气流通起来。

3-蘑菇最多只能烘干2小时，然后取出烤盘，在空气中冷却15分钟。再把烤盘重新放进烤箱，重复上述操作，直到蘑菇片变脆了，这说明烘干已经完成了。

4-将烘干好的蘑菇片装进密封的玻璃瓶里，放置在避光的地方保存即可。

种子，浓缩的能量

随着秋天的来临，植物们已经开始为下一季的生长孕育种子了，而你也可以用这些种子为孩子们做一些充满能量的菜肴！

食谱 谷物能量棒

1-将杏仁、榛子仁、腰果、开心果和油倒入搅拌机的小碗里，快速搅拌，把所有果仁都磨碎。将杏干切成小丁倒进去。你也可以将这些原料放在案板上，用刀切碎。

2-在一口锅里，用文火将粗红糖、蜂蜜和槭糖浆熔在一起，加入芝麻和磨碎的干果，仔细搅拌均匀。

3-关火，加入压缩燕麦饼或米饼、燕麦麸皮，搅拌均匀。将混合好的“谷物饼”摊在铺好油纸的烤盘上，上面再盖一层油纸，用擀面杖把它表面压平。

4-取下油纸，放进烤箱里，在150℃的炉温下烘烤15~20分钟，当谷物饼变成金黄色的时候，将烤盘端出，晾凉后切成条状即可。

准备时间：15分钟
烹制时间：15~20分钟

配料：

用来制作12根谷物棒

- 30克杏干、葡萄干或蔓越莓干
- 30克杏仁
- 25克榛子仁
- 25克腰果
- 20克原味开心果
- 20克芝麻
- 2汤匙粗红糖
- 2汤匙槭糖浆
- 1汤匙蜂蜜
- 1咖啡勺葡萄籽油或葵花籽油
- 100克压缩燕麦饼或米饼
- 50克燕麦麸皮

小窍门：

*如果你亲自把谷物和各种果仁炒熟（在140℃的炉温下，炒制15分钟），那么做出来的谷物棒味道更好。当然你也可以使用已经炒熟的现成果仁。

*对于那些贪吃的孩子，将做好的谷物棒浸泡在熔化的黑巧克力、牛奶巧克力或白巧克力里，然后冷冻一下，吃起来会更美味！

食谱

绿色奶昔

准备时间：5分钟

配料：

- 1小根香蕉
- 2个苹果
- 1大把菠菜
- 1把苜蓿嫩芽
- 1大把野苣
- 2小撮盐
- 泉水

1.将所有配料放进搅拌机，再加入一杯水，搅拌成细腻的糊状。

2.倒在两个杯子里，加入冰块，再点缀一小把苜蓿嫩芽，就做好了！

活动

让种子发芽

你需要：

- 一个玻璃瓶
- 一根橡皮筋
- 无菌纱布

新鲜、美味、富含维生素，这就是各种发芽的种子所能带给我们的。而且，它们很容易得到。那么，为什么要拒绝呢？

可以使用的种子：

兵豆（小扁豆）、鹰嘴豆、苜蓿、亚麻、芥末、燕麦、水田芥、芝麻菜、芝麻、昆诺阿藜（一种南美荞麦）、黑种草、葫芦巴……这些在食品杂货店或有机商店里的干菜柜台都能找到。

1-将少量的种子放进玻璃瓶，倒上水，浸泡一个晚上。一定要注意量，因为这些种子会膨胀得很快，很少量的种子就可以得到大量的嫩芽。

2-第二天早上，将泡发的种子冲洗干净，然后在玻璃瓶口盖上一块无菌纱布，用橡皮筋箍住。将玻璃瓶翻过来，瓶口朝下扣在一个盘子上，在下面垫一把木勺，让空气可以进出玻璃瓶。

3-每天冲洗两次，以保证种子的湿度。发芽所需的时间，与你选择的作物种类有关，一般在2~5天。如果是混合种子，那么包装盒上会注明的。而对于最传统的发芽种子——兵豆来说，更是一目了然。

4-发了芽的种子可以放在密封的瓶子里，在冰箱里保存一些天。如果其中一些出现腐坏的迹象（比如枯萎或发黑了），就赶紧把它们扔掉！对于这些嫩芽，我们一般都选择生吃，把它们作为其他菜肴的配菜：比如沙拉、三明治、浓汤、蔬菜汁……

磨牙零食

西班牙盐炒香瓜子

葵花籽剥掉壳之后，生果仁有股淡淡的甜味，不过你也可以按照西班牙人的口味，把它们做成盐炒香瓜子。这种小吃在西班牙的地位，就像爆米花在美国一样。它的做法也相当简单，就是把葵花籽晾干，然后放在油锅里炒熟，再稍微撒上点儿盐，就做好了。好啦，可以嗑瓜子了！

各色烤瓜子

当你吃西葫芦或笋瓜的时候，可别把它们的瓜子扔掉了！用油炒一下，它们会变得美味而有营养。将这些瓜子用水洗净，晾干，然后用粗盐抓一抓。将烤箱加热到180℃，将瓜子铺在烤盘上，放进烤箱烘烤半小时，烤的时候要时不时观察下火候。烤好后，把瓜子倒在盘中，可以作为餐前小吃提供给孩子们。不过大人们应该也同样爱吃，所以会供不应求呢。

陶醉在玉米的美味之中！

谁说玉米只能用来喂鸡？将它们整根烤熟，或者做成爆米花，你很快就会发现孩子们也都很喜欢吃呢！

食谱 

美味的嫩玉米

准备时间：5分钟
烹制时间：15分钟

配料：

- *4根嫩玉米*
- *1汤匙糖*
- *黄油*
- *盐*
- *胡椒*

1-先将一大锅水烧开。

2-把玉米叶子剥掉，然后用冷水冲洗干净。

3-在烧开的水里加一点点盐，然后加入糖，接着把玉米放进锅里。

4-当锅里的水再次沸腾后，继续煮15分钟。用叉子尖儿来试试玉米豆是否已经变软了。

5-将玉米捞出，沥干，在表面刷上一层黄油，然后加上盐和胡椒。不需要什么餐具，直接用手拿着吃就好。嗯，是熟悉的味道，再好不过了！

小窍门：

想要选到好吃的嫩玉米，要注意观察，它们的叶子更有光泽，玉米颗粒更加饱满，尖上的穗子也更加湿润柔软。

食谱

用微波炉做爆米花

想要做爆米花，没必要用油，也不必把锅弄脏，更不必担心玉米被炸得满厨房都是！

1-把3汤匙玉米装进A5尺寸的信封里，将信封粘好，放进微波炉里，开足功率（800~1 000瓦）加热3分钟，或者等到里面的“噼啪”声停下来。

2-小心地打开信封，然后根据你的口味给爆米花加上些作料，就可以享用了。

食谱 梨汁焦糖爆米花

1-按照前一页注明的方法制作爆米花。

2-在一口锅中倒入粗红糖、槭糖浆和浓缩牛奶，混合均匀。

3-用中火把锅烧开，并不断搅拌，等到锅里的液体沸腾后，再煮2~3分钟（如果你有专用的温度计，温度应该达到117℃）。关火，同时加入黄油和梨丁，然后再加入盐和香草。

4-用中火煮1~2分钟。等到焦糖变得浓稠，把爆米花（先剔除掉那些没有爆开的玉米）倒进去，仔细搅拌，让每颗爆米花都均匀地裹上一层焦糖。稍微冷却一下，然后用手把裹着焦糖的爆米花捏成大小相等的糖球。

5-用木头钎子把爆米花糖球串好，晾凉，就可以享用了。

准备时间：5分钟
烹制时间：5~10分钟

配料：

- 100克玉米豆
- 1个梨，切成小丁
- 75克黄油
- 150克粗红糖
- 120毫升槭糖浆
- 60毫升无糖浓缩牛奶
- 半咖啡勺盐
- 1咖啡勺液态香草精

植物学

用来做爆米花的玉米长什么样？

简单说，玉米中有一个特殊品种，是专门用来做爆米花的。它的玉米豆为橙黄色，比其他品种的玉米更小更硬。

这种玉米中含有87%的淀粉，剩下的13%为水和坚硬而锁水的表皮。它比其他品种更有韧性，但同样富含水分。

历史

用途广泛的植物

玉米的用途广泛，简直令人难以置信，整株植物被切碎，然后像腌酸菜一样发酵后，会变成奶牛最喜欢的饲料，而玉米粒则是猪和鸡的美餐。当把玉米做成面粉、油、爆米花或谷物棒的时候，我们人类也很喜欢。把玉米做成淀粉，不仅可以用在各种浓汤、调料、糖果和饮料中，同样也可以用在药物、肥皂、胶、能被降解的塑料制品，甚至是卷烟纸当中！

健康 营养（基本）全面的食物

在美国，每年消费的玉米数量非常大，无论是鲜玉米还是玉米罐头。而在法国，玉米则主要用来饲养家禽！

这是一种非常好的粮食作物，但不如大米、麦子和黑麦营养全面。

其实，从蛋白质的角度看，它主要缺乏两种我们生长所必需的元素——氨基酸。也就是说，我们不能够只靠吃玉米活着！玉米富含植物油、磷酸以及一般谷物很少会有的胡萝卜素，正是它让玉米拥有了漂亮的金黄色。

属于南瓜的大节日

秋天，绝对是南瓜在美食节上作为主演的最佳季节！我们可以吃到南瓜汤、南瓜泥、焗南瓜，也可以吃到有南瓜做配料的果酱、水果泥或奶油水果派。这些美食都很简单易做，是时候让它们闪亮登场啦！

食谱 盛在南瓜里的南瓜汤

为了给万圣节大餐增添一些魔力和色彩，可以做一道美味的南瓜汤（或笋瓜汤），而且就盛在南瓜里！

准备时间：30分钟
烹制时间：20~30分钟

配料：

- 1个外形漂亮的南瓜
- 1.5千克南瓜肉
- 3个大土豆
- 2根胡萝卜
- 1个洋葱
- 1瓣蒜
- 30克黄油
- 2升蔬菜汤
- 3小撮肉豆蔻
- 半升水
- 3汤匙鲜奶油
- 盐
- 胡椒

1-将南瓜的顶部切下来（但不要扔掉，还有用处），然后把里面挖空，只保留2~3厘米厚的瓜肉。

2-把挖出来的南瓜肉切成丁，将黄油倒入锅中加热熔化，再把南瓜丁、洋葱和大蒜倒进锅中，煸炒一下。

3-加入蔬菜汤、胡萝卜片和土豆丁，再稍微撒上些盐和胡椒，加入肉豆蔻，煮大概20~30分钟，直到蔬菜都变软了为止。

4-利用这段时间，把挖空的南瓜盅放在炉温150℃的烤箱里烤制30分钟。

5-从锅中盛出3大勺蔬菜汤，然后把剩下的汤搅拌均匀，再稍微加入一点蔬菜汤，让汤达到适宜的浓度，再加入鲜奶油。

6-把做好的南瓜汤盛在南瓜盅里，再盖上盖子。很神奇不是吗？而且这样还能让汤更持久地保温！

变化

普通南瓜并不是唯一的选择，瓜肉发甜的葫芦属植物的果实都是用来做这道汤的理想食材，比如绿皮小南瓜、胡桃南瓜、“餐桌之王”、“熊宝宝”、“蓝色芭蕾”等品种，也别忘了有浓浓栗子味的小南瓜，它可是富含维生素和矿物质哟。

只有一个小问题：这些美味的葫芦属植物的果实，要么太大，要么太小，都不适合做汤盅。

实践

想做好一个汤盅，请注意以下建议

首先，在所有步骤中，都要特别注意，别让孩子们伤到手指，当然你自己也得多留神！

1-要想顺利把南瓜顶部切下来，最好使用结实的面包刀。

2-为了把瓜肉切下来，需要先沿着南瓜的轮廓切出一个正方形。可以先用面包刀把瓜肉切开，然后再用餐刀具体切割。在这个过程中，要小心别把南瓜的底部扎穿了。

3-把正方形的瓜肉切分成两半，这样更方便把瓜肉取出。

4-将南瓜掏空，不过要记得在边上和底部留下一层2~3厘米厚的瓜肉。

食谱

巧克力南瓜蛋糕

准备时间：20分钟
放置时间：30分钟
烹制时间：50~60分钟

配料：

- 220克面粉
- 1小袋酵母
- 2小撮小苏打
- 1咖啡勺桂皮粉
- 半咖啡勺精盐
- 2个大鸡蛋
- 80克细砂糖
- 80克普通砂糖
- 340克南瓜（笋瓜）肉
- 120毫升植物油（葡萄籽油或者菜籽油）
- 60毫升橙汁
- 120克巧克力块

1-在蛋糕模子里涂上黄油，并把烤箱预热到170℃。

2-在一个大碗里，将面粉、酵母、小苏打、桂皮粉和盐混和均匀。

3-在另一个碗里，将鸡蛋、细砂糖和普通粗粒砂糖搅拌打匀，加入南瓜（笋瓜）的瓜肉、油和橙汁，仔细搅拌均匀。

4-将面粉一点一点撒进蛋液里，用锅铲或木勺慢慢搅拌均匀，但也不要过分搅拌。加入巧克力块。然后让面糊饧30分钟。

5-将面糊倒进蛋糕模子里，放入烤箱烤制50~60分钟，烤到最后阶段，如果需要的话可以用锡纸盖在蛋糕上，以免烤焦了。用牙签扎一下蛋糕看看是否熟了：拔出来的时候，牙签应该是干爽的。

6-将蛋糕端出烤炉，彻底晾凉后，就可以从模子里取出享用了。

纪录

巨型南瓜

每年秋天，在瑞士苏黎世的塞格雷本镇都会举行一项与众不同的比赛——世界最大南瓜评选。在赛场的角落里，永远都保留着一位了不起的园丁的位子。这位名叫贝尼·迈耶的园丁连续5次赢得了这项比赛的胜利。而最后一次，他带来一个重达1053千克的巨型南瓜，一举打破了所有相关的世界纪录！美国人一定会为此感到嫉妒不已的。

既恐怖又有趣，这就是万圣节！

这就是万圣节，即诸圣瞻礼节，是纪念亡灵的节日……挺恐怖的吧？开玩笑啦，在这个节日里，我们会创造出很多搞笑的吓人装饰……以及很多美味佳肴。

食谱 巫婆的断指

准备时间：30分钟

配料：

用来制作20根“手指”

- *1包白杏仁膏*
- *4~5汤匙酸樱桃果酱*
- *20颗未去皮的杏仁*

看上去让人毫无食欲的一道菜，不过我敢打赌，孩子们一定会超爱这道菜，而且一扫而空。

1-把杏仁膏和成团，然后分别揉成一小段一小段长圆柱形的杏仁棒，做成手指的形状。

2-用小刀刮掉一部分杏仁的皮，做成“肮脏的手指甲”的效果，然后把这些杏仁安在圆柱形的杏仁棒上，当作指甲。

3-用刀刃在杏仁棒上划出痕迹，模拟手指关节的样子，然后把杏仁棒的另一端掰断，打造出“折断的手指”的效果。怎么样，都做完了？好吧，还差一步……

4-把“手指”断掉的一头浸泡在果酱里，模仿出流血的感觉，然后把做好的“手指”都放到盘子里，指甲朝外，这样能达到最佳效果。

食谱 泡在甲醛里的大脑……

你想去实验室里找那些真的标本来吓唬你的客人们吗？

好奇怪的想法，不管怎样，这可是万圣节……在一个装满水的玻璃糖果罐里，分别加入一滴红色食用色素、一滴绿色食用色素和一滴黄色食用色素，然后再加入几勺牛奶，让糖果罐里的液体更混浊。把一小个形状像大脑一样的菜花泡在罐子里。为了显得更加真实，在一张旧的便笺纸上，用羽毛笔写上标本的提供者。保证让看到的人起一身鸡皮疙瘩！

游戏　干尸的脑袋

你打算处理掉那几个在冰箱里放了太久、变得有些缩水发皱的苹果？倒不如用刀子在上边雕刻一张人脸，然后放在一个干燥的地方风干（比如放在暖气片上）。

几天过后，你会看到这些苹果好像变成了一个个令人不安的木乃伊干尸的小脑袋。把它们插在木棍上，安放在花园入口或者窗前，吓唬吓唬路人也是挺有意思的！

历史　雕刻萝卜

直到20世纪中叶，在布列塔尼，在孩子们之间还流传着一个有趣的习俗。与万圣节雕刻南瓜很相近，人们会挖空大个的萝卜，在上面掏几个窟窿，做成眼睛、鼻子和嘴巴的形状，然后在中间放一根蜡烛。到了夜里，孩子们把这些人头造型的烛灯放到土坡上或者荆棘丛的缝隙里，用来吓唬晚归的路人。

装饰　用蔬菜雕刻的鲜花

只需要心灵手巧一点儿，你就可以把蔬菜变成鲜花。还有什么比用它们来点缀菜肴更独特而令人惊叹呢？

土豆“黄花毛茛”

1-将土豆削好皮，用冰激凌勺在土豆上挖一个圆球出来。

2-把土豆球的上边水平地切除掉，然后在四周切4个槽。

3-小心地在每个槽里都插上一片薄薄的土豆片，当作花瓣。

4-在中间的花心部分用刀划出格子，然后用食用色素染上颜色，再蒸熟即可。

萝卜“雏菊”

1-借助一个圆形的蛋糕模具切出一个圆形的厚萝卜片。

2-在上面刻画出一些3毫米宽的花瓣的痕迹。

3-用一把小凿子把花瓣雕刻出来，顺便把周围的多余果肉剔除。

4-蒸熟。然后在中间放一片圆形的柠檬皮，当作花心。

小水萝卜“郁金香”

1-把小水萝卜的两头都稍微切掉一点。

2-沿纵向从4个方向把小水萝卜切开，但不要切到底。

3-用刀转着圈把中间的果肉挖掉。

4-把你的“郁金香”插在牙签上，然后放在水中让它绽放。

韭葱“菊花”

1-把韭葱的根切掉，同时切去3厘米左右根部的茎。

2-在韭葱上剪出一条条细小的切口，但不要剪到底。

3-在相反方向做相同的操作，之后放在水里浸泡一天。

4-把“花瓣”稍稍分开，最后用红菜汁来完成花心的染色。

黄瓜“鳄鱼”

1-把黄瓜的一端切掉一小截，再挖出一个槽，当作嘴巴。

2-在这个槽的上下两边，刻出一些小沟，当作牙齿。

3-用凿子雕刻出尾巴，然后用切下来的边角料雕刻成爪子。

4-用蛋清（蛋白）和黑橄榄做成眼睛。

5-再用一小片番茄做成舌头。

冬天……

冬日的市场

煲汤，蔬菜炖肉，文火煨菜……冬天的蔬菜可以用来烹制一系列美味滋补又热气腾腾的小菜。至于那些水果，酸甜爽口，正好唤醒我们的味蕾！

现在正是季节！
冬天当季的
美味水果和蔬菜

蔬菜

西蓝花	苦苣
胡萝卜	茴香
芹菜	野苣
卷心菜	萝卜
大白菜	洋葱
抱子甘蓝	欧洲防风
羽衣甘蓝	韭葱
紫甘蓝	土豆
南瓜	婆罗门参
西葫芦	菊芋

水果

柠檬	橘
小柑橘	橙
海枣	红瓤柑橘
柿子	柚子
猕猴桃	梨
金橘	苹果
荔枝	

食谱

紫甘蓝卷心菜沙拉

很传统的一道沙拉，很美味，而且很清脆爽口！

准备时间：20分钟
浸泡腌渍时间：1小时

配料：

- 半小棵卷心菜和半棵紫甘蓝
- 1个小苹果
- 2汤匙葡萄干
- 1汤匙盐
- 1汤匙糖
- 100毫升白醋
- 4汤匙葵花籽油
- 1汤匙酱油
- 1汤匙芥末
- 黑胡椒

1-将葡萄干浸泡在水里。

2-把卷心菜和紫甘蓝切成薄片，放到沙拉碗里，加上盐、糖和醋。

3-将1.5升水烧开，倒在卷心菜和紫甘蓝上，让盐和糖充分溶解，并搅拌均匀，然后浸泡腌渍1小时。

4-利用这段时间，将葡萄干捞出，沥干；再把芥末、酱油、油和胡椒混合在一起，调制成沙拉酱。

5-将卷心菜和紫甘蓝捞出，沥干（包在布里用力挤压，或者直接用双手挤压），然后加入沙拉酱、葡萄干、土豆丁，仔细搅拌均匀。可以在常温下享用，也可以冰镇一会儿再吃。

食谱

汉堡专属焦糖洋葱

你打算自己做汉堡包？那么把下面这个菜单推荐给孩子们，一定会大受欢迎。为什么不利用这个机会教给孩子们怎么准备搭配他们最爱的汉堡一起吃的焦糖洋葱，并把制作这道简单的牛肉三明治的过程变成一次美食大发现呢？

1-剥掉洋葱的外皮，然后把它们切成足够厚（3毫米左右）的圆片。

2-在锅中倒上油，加热，把洋葱放进油中用中火煎5分钟，不要让洋葱过分着色。加入粗红糖，混合充分，让糖汁焦化2分钟，然后加入香醋、酱油和辣酱油（也叫伍斯特酱）。

3-将火调小，用文火继续煮5分钟，收收汤汁，然后加入辣椒碎或红椒碎。如果需要，就再加一点儿盐。在食用的时候，把做好的焦糖洋葱放在牛肉饼上，夹在汉堡中即可。

小窍门：如果想稍微改变下口味，可以用2汤匙槭糖浆或者1汤匙细砂糖加1汤匙蜂蜜来代替粗红糖。

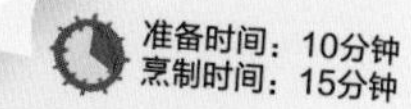

配料：

用来制作4个汉堡所需的焦糖洋葱

- 3个中等大小的紫洋葱或黄洋葱
- 2汤匙橄榄油
- 2汤匙香醋
- 1汤匙酱油
- 1汤匙辣酱油（伍斯特酱）
- 1汤匙粗红糖
- 2小撮辣椒末或者红椒末

装饰 可以吃的餐盘

为什么不试试把餐盘换成甘蓝叶子呢？最好选用那些拥有宽大光滑叶片的甘蓝品种。这是一餐非常有特色的饭，而且饭后还不用刷盘子，因为你甚至可以把盘子也一起吃掉！

小窍门 剥洋葱而不会流泪的秘诀

又要剥洋葱，没错，眼睛又要遭殃了。

下面有几个有效的小窍门，可以让你在剥洋葱的时候不会流泪：

*在剥洋葱皮的时候，在旁边点一根蜡烛；

*将刀子的刀刃在水里浸泡一下；

*在打开的窗户前剥洋葱皮（不过要考虑风向）。

不过，洋葱为什么会刺激眼睛呢？当刀子切开洋葱的果肉时，其中的硫化物因为化学作用转化成一种催泪气体。其中一部分气体直达眼部，为了抵挡这部分气体，眼睛便会自动分泌出泪水，然而这种气体遇到液体会变成极淡的硫酸！于是，我们的眼睛不得不释放更多的眼泪来自我保护。

柑橘，冬日的阳光

随着坏天气和寒流的到来，花园里曾经芬芳的鲜花也都渐渐枯萎了……幸运的是，橙子和柠檬却能在冬日给我们带来一丝香甜的气息。

食谱 鲜橙巧克力棒

准备时间：30分钟
烹制时间：30分钟
风干时间：24小时

配料：

- 6个橙子
- 500克细砂糖
- 4汤匙柠檬汁
- 1个香草荚
- 250克高纯度黑巧克力

1-将橙子的两头切掉，然后用一把锋利的刀子把橙子皮连同2毫米厚的果肉一起剥掉。

2-把橙子皮切成长短相等的条状，放入锅中，再倒上水，煮沸。同样的过程重复3次，但每次要记得把水换掉。

3-冷却，沥干。称一下煮过的橙子皮重量，加入同等重量的糖，然后加水，没过橙子皮即可。

4-用小火煮20~30分钟，然后让果皮在糖浆中冷却。

5-把果皮烘干，然后在空气中风干24小时。

6-把巧克力放进锅中熔化，将风干的橙子皮浸泡在巧克力溶液里，使其四分之三都裹上一层巧克力，然后放在油纸上晾干即可。

食谱 糖渍香橙/糖渍柠檬

准备时间：10分钟
烹制时间：10分钟

配料：

- 4个橙子或6个柠檬
- 150克细砂糖
- 300克水

1-用剥橙器将橙子外边的一层薄皮剥下来，并处理成细丝。在锅里，用糖和水熬制成糖浆，加入橙子皮细丝，用文火煮大约10分钟。

2-在常温下冷却，然后盛放在密封的容器里。

食谱 柠檬凝乳（也叫柠檬酱）

1-准备一大锅开水。将柠檬那层黄色的薄皮剥下来，切碎。

2-将糖粉和柠檬皮倒进一个不锈钢沙拉盆或者一个耐热的沙拉碗里，混合好。

3-加入打好的蛋液，然后加入柠檬汁。将不锈钢盆放进锅里（盆底不要碰到水），一边熏蒸，一边用打蛋器不断搅拌，直到盆里的糊状物变得浓稠，而打蛋器会在柠檬糊里留下痕迹为止。

4-关火，晾15分钟左右（柠檬糊的温度低于60℃），然后加入一块黄油膏，在搅拌机里搅拌均匀。

5-将做好的柠檬凝乳倒在小罐里，在冰箱里可以保存5~6天。

准备时间：10分钟
烹制时间：15分钟
放置时间：15分钟

配料：

用来制作2罐200毫升的柠檬凝乳（一罐做好之后立刻享用，另一罐可以留给孩子的爸妈）

- 180克糖粉
- 100克黄油膏
- 切碎的柠檬皮
- 150毫升过滤过的橙汁
- 3个大鸡蛋

活动 柑橘烛台

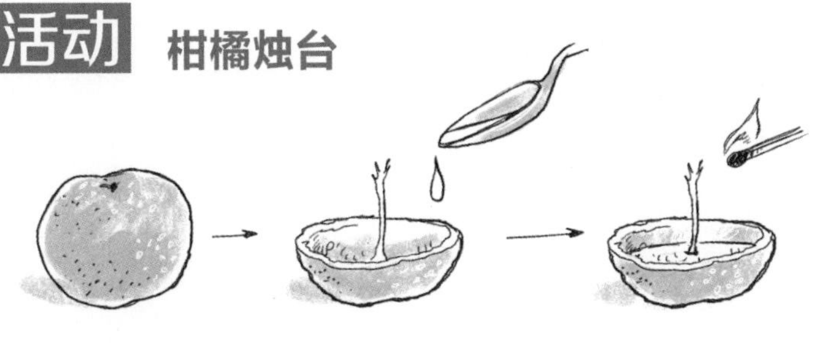

所需材料：

- 1个柑橘
- 葵花籽油（或橄榄油）
- 火柴

1-将柑橘表皮切为两半，然后把上边的一半柑橘皮去掉。

2-将上半部分果肉去掉，但一定要小心，别把中间那根白色的芯儿弄断，它将被用作烛芯。

3-把柑橘放在茶托上，在中间的白色细芯儿和下面的柑橘果肉上倒一点油。

4-用火柴点着“烛芯”，柑橘烛台就准备好了，好好享用你的烛光晚餐吧！

游戏

用柠檬汁书写密信

柠檬汁拥有神奇的特性：它本身是透明的，但遇热会变成棕色。

1-挤压柠檬，把得到的柠檬汁过滤一下。

2-将一根细画笔的笔尖浸泡在柠檬汁里，然后在一张纸上随便写个消息。等到纸上的字迹完全干了，把这封无字密信交给“联络人”。

3-为了看到消息，“联络人”需要把纸张拿到点燃的蜡烛前（小心别把纸烧着了），或者拿电熨斗熨烫一下。

游戏

橙子味的花火

橙子和柠檬厚厚的果皮上有很多极小的、含有芳香精油的“小气囊”，水果的香气大都聚集于此。这些芳香精油是非常易燃的，你可以试验一下。在烛火前用力挤压一块橙子皮，挤出的汁液会生成一道火花！

冬天，我们还有土豆！

它们可能是土黄色的、金黄色的、橙黄色的，或者，甚至是紫色的……这取决于我们看到它们的时候是否削了皮。它们可能是世界上被消费最多的一种蔬菜了……它们是什么呢？当然是土豆了，毫无疑问！

食谱 甘蓝—土豆煎饼

1-把土豆、芜菁甘蓝和洋葱去皮，清洗干净，并擦成丝。加入一咖啡勺精盐，搅拌均匀，然后放在滤锅里腌制1小时。

2-把鸡蛋去壳，置于沙拉碗里，加入芥末、胡椒、埃斯佩莱特辣椒面，然后仔细搅拌均匀。

3-在滤锅中用力按压腌制好的蔬菜，将多余的汁液挤出，然后把蔬菜放在屉布上沥干；把它们放到盛有鸡蛋的沙拉碗里，加入1汤匙的面包屑，搅拌均匀；如果口轻，可以再加入适量的盐。

4-在不粘锅中倒入橄榄油，并加热。

5-取两汤匙已经搅拌腌制好的蔬菜和土豆，用手把它们捏合成薄饼的形状。如果薄饼不能很好地成形，可以再加入一些面包屑，然后再试试。将薄饼压平之后，小心地放入加热的油锅中，调成文火，让薄饼的两面分别在油锅中煎炸4分钟。

6-配着沙拉一起享用，味道更好。

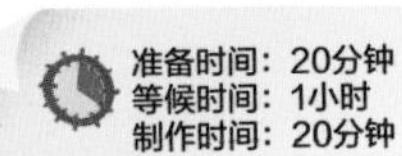

食材：

- 400克土豆
- 400克芜菁甘蓝
- 1颗洋葱
- 2枚鸡蛋
- 2汤匙面包屑
- 1勺半（咖啡勺）芥末
- 4小撮胡椒
- 2小撮埃斯佩莱特辣椒面
- 6汤匙橄榄油
- 适量精盐

食谱 自己动手制作炸薯片！

1-用刀把土豆削皮，然后切成薄片。

2-将切片的土豆清洗干净，并放在屉布上把水分沥干，然后放到油中炸至金黄色。

3-将炸好的土豆片取出，并用吸油纸将上面多余的油脂吸掉。

4-在品尝前的最后一个步骤——根据自己的口味撒上盐。

实践 土豆活字印刷术

将一个土豆一切为二，在上面刻上你想要的图案，比如一只母鸡、一只瓢虫、一朵花或者其他创意。在上面蘸上墨水，然后将它盖在一张纸上。成了！你刚刚再现了活字印刷术！只要你愿意，可以反复印出这个图案，而且还可以利用这种方法，拼写出个性化的文字，用来在书本上做记号或装饰纸制的台布。

游戏

土豆做的哨子

拿一个外形漂亮的大个土豆，用苹果去核器在土豆的一端掏一个5厘米深的孔。用刀在土豆的上方开一个“天窗”，这样，一个哨子所需要的凹槽就做好了。将一小块土豆固定在小孔口的位置，但要留出几毫米的空间，不要将小孔堵死了。对着小孔用力吹，便可以吹出声响（可能你需要时不时地调整校准下哨子的开口）。

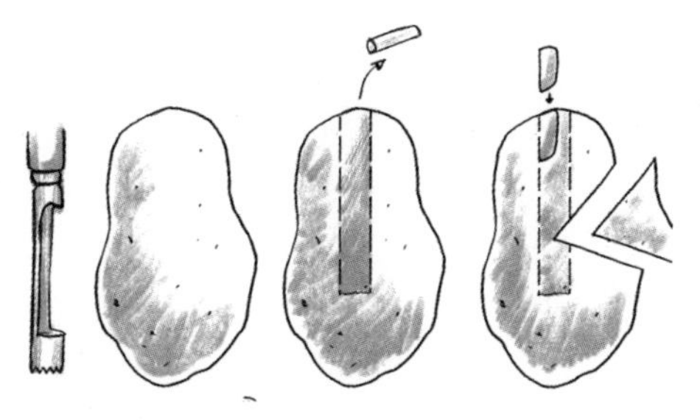

你还可以制作出一个双调的哨子，只要在土豆上掏两个深浅不一的小孔就可以了。

历史

土豆的长途跋涉之路

土豆是从南美洲大陆来到我们身边的。但是，在它们刚刚被带到欧洲的时候，人们并没有很好地认清它们的价值，而是错误地选择用它们的叶子烹制菜肴（这些叶子可是有毒的！）。

在法国，直到1775年，帕尔芒捷先生才让土豆变成一种受欢迎的蔬菜。为了说服那些贵族老爷尝试食用这些块茎，帕尔芒捷在路易十六的宫廷中做了一桌全部以土豆为原材料的菜肴，连饮料都是土豆做的。而为了吸引人们的注意，聪明的帕尔芒捷整个白天都派人目不转睛地看守种有土豆的农田，就好像它们是他的财富一样。到了晚上，趁着农田的守卫睡着的时候，好奇的人们便来到田里，把这些“财宝”据为己有……从此，土豆便征服了我们的土地，同时也征服了我们的餐盘。

呸，苦苣和菠菜

这是很多孩子在自己的餐盘中看到这两种蔬菜时的反应。可能你自己也是如此吧，那是因为你没有尝过新鲜苦苣和菠菜！更不用说拿它们来做有趣的游戏了。

食谱

准备时间：24小时
虽然时间有点儿长，但并不难！

配料：

- 1.1升水
- 400克圆粒米
- 2块浓缩鸡汤块
- 2块独立包装的藏红花
- 200克菠菜（当然是新鲜的）
- 1汤匙橄榄油
- 50克帕尔玛干酪屑
- 25克黄油
- 25克面粉
- 300毫升牛奶
- 盐，胡椒
- 肉豆蔻
- 1块意大利白干酪（莫扎里拉干酪），切成丁
- 120克面粉+300毫升水，搅拌成面糊
- 150克面包屑
- 煎炸油

意式菠菜饭团

把菠菜当作馅儿藏在意式手抓饭团里，孩子们吃了之后肯定还想再吃。

1-前一天晚上把米饭煮熟：在加入浓缩鸡汤块和藏红花的1.1升沸水中加入大米，煮18分钟，直到汤汁完全被吸收。把煮好的米饭放入冰箱中保存。

2-将菠菜去梗。在锅中加入1汤匙橄榄油，把菠菜放进锅里用中火煸炒，直到菜叶缩水变色，加入帕尔玛干酪屑，搅拌均匀，直到干酪完全熔化。盛出来备用。

3-在一口锅中，准备奶油调味酱（也叫贝夏梅尔乳沙司）：将黄油熔化，加入面粉，用文火煮3~4分钟，将冷牛奶一次性倒入锅中，用打蛋器不断搅拌，使锅中的酱汁变得浓稠。将调好的酱汁倒在菠菜和干酪的混合物里，仔细搅拌均匀。

4-将意大利白干酪（莫扎里拉干酪）切成1厘米大小的小丁。

5-把手沾湿，然后将米饭揉成饭团。舀出一勺米饭（米饭应该有足够黏性），用拇指在中间压出一个不超过1厘米的坑，并把四周的米饭挤压平滑。在中间填入一勺菠菜和5~6块意大利白干酪丁，然后再用一些米饭盖上，捏合成一个完整无缺的饭团。依照同样的方法继续制作饭团，直到馅料用尽为止。

6-在一个汤盘里，将面粉和水混合成稀释的面糊，然后把面包屑放在另一个盘子里。

7-在一口足够深的煎炸锅里倒入煎炸油，加热到180℃。把饭团依次沾满面糊和面包屑，然后放在锅里炸5分钟（一锅最多同时炸5个），在炸的过程中不断翻动饭团，直到其表面变成金黄色。

8-在吸油纸上把多余的油沥干，然后撒上盐，趁热享用。

食谱 火腿苦苣"千层酥"

准备时间：10分钟

配料：

- 2小棵苦苣
- 2片火腿
- 2咖啡勺鲜奶酪（牛奶酪、山羊奶酪或两种混合）
- 2咖啡勺鲜奶油
- 原味酸奶（随意）
- 2小撮辣椒粉
- 五色胡椒浆果

这么说吧，这绝对比"火腿苦苣"让人更有食欲，不是吗？

1-将苦苣洗干净，把中间的苦芯儿去掉，再把根部切掉，留下叶片部分。

2-将火腿切碎或绞碎，备用。

3-在一个空的汤盘中，用叉子将奶酪打散，加入辣椒粉、鲜奶油和切碎的火腿，搅拌均匀，如果过于浓稠的话，可以加入一点点原味酸奶稀释。

4-在苦苣叶片上涂抹一层火腿酱，然后切成2~3段，像"千层酥"一样摞起来，最后在上边盖一层苦苣叶，用牙签固定好，再点缀1~2圈五色胡椒浆果。

5-冰镇一下再吃，味道更好。

食谱 法式金枪鱼红菜船

准备时间：10分钟

配料：

- 2棵胭脂红菊苣（一种味道很好的、叶片呈紫红色的苦苣品种）
- 1盒金枪鱼肉酱罐头
- 1个鸡蛋
- 2~3汤匙蛋黄酱
- 香芹末
- 盐，胡椒

1-将鸡蛋在沸水里煮10分钟，然后擦干，剥掉蛋壳。

2-将胭脂红菊苣洗干净，把中间的苦芯儿去掉，留下叶片部分。

3-将金枪鱼酱和捣碎的煮鸡蛋连同蛋黄酱一起搅拌均匀，加入一些切碎的香芹末，再撒上盐和胡椒。

4-将做好的金枪鱼蛋黄酱盛在洗净的胭脂红菊苣叶片上，冰镇一下再吃，味道更好。

美食游戏 苦苣船

加油，别灰心，你一定可以让孩子们喜欢上苦苣的味道，尤其是在你带着他们一起来做下面这个美食游戏后。

1-把3棵苦苣的叶子分别掰开，留下那些最大的叶片，将其他叶片切碎。

2-将熟的甜菜削皮，切成两半。把比较大的半棵甜菜切成12片薄片，并把薄片切成三角形，备用。将剩下的甜菜切碎。

3-将300克鲜奶酪连同切碎的苦苣和甜菜一起倒在搅拌机里，放上盐，然后搅拌均匀。

4-将苦苣叶放在餐盘上，把搅拌好的混合物盛在上边。

5-用牙签把三角形的甜菜片串好，然后插在苦苣船的中间，当作船帆。

6-将香芹和细香葱切成末，撒在小船的船身上，就可以吃啦！

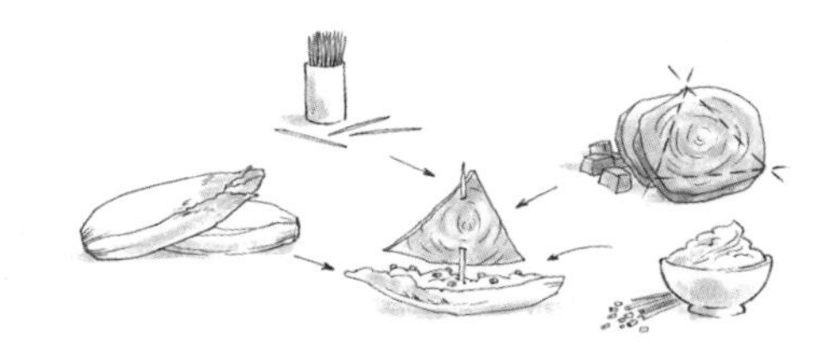

胡萝卜的丰富宝藏

橙色、味甜、鲜脆……这种植物的粗壮根茎在整个冬天为我们提供了大量的维生素和丰富、明亮的食物色彩。它不但美味、营养丰富，还可以当作一种玩具！

游戏

胡萝卜排笛

当然啦，我们可以用胡萝卜演奏美妙的音乐，演奏完还可以把它们吃掉。选择3根长度不同的笔直的胡萝卜，用一个苹果去核器在每根胡萝卜中间掏一个洞，但每个洞的深度要有所不同，同时一定要小心别把它们弄断了（也不要把它们完全穿透）。这样你就拥有了3个不同音调的胡萝卜管，来演绎从低音（最深的洞）到尖锐的高音（最浅的洞）的变化，中间的一根当然就是中音。就像制作排笛一样，把3根胡萝卜竖直地并排固定在一起，把嘴唇放在上面，用力吹，音乐就响起来了。

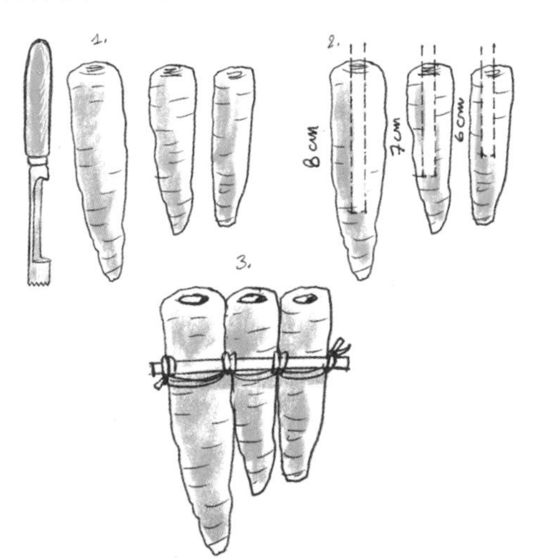

园艺

快速胡萝卜插秧法

买一捆胡萝卜，但不要丢掉萝卜缨子，你完全可以让它们再次生根发芽。

拿一根带着缨子的胡萝卜，从它的根颈（萝卜缨的底部）下方1厘米处切开，将它的茎叶缩短到4厘米左右，然后把它埋进装有优质土壤的花盆里，定期浇水。太神奇了！一个星期之后，新的叶片长出来了，这代表着植物已经开始生根，不过你还是别奢望能种出一根完整的胡萝卜……

食谱 爽口胡萝卜

忘记维希胡萝卜以及其他胡萝卜泥之类的菜肴吧，孩子们更喜欢生吃那些又脆又甜的胡萝卜！别剥夺他们的这个乐趣，准备一盘切好的生吃蔬菜，然后蘸着或冷或热的不同酱料来吃。下面有四种几乎是100%纯植物制成的蘸料，用来搭配100%健康的蔬菜拼盘食用！

蘸料

朝鲜蓟蘸酱

1-将烤箱预热到180℃。

2-把奶酪和橄榄油倒在盘子里，用打蛋器打匀，然后加入其他配料，搅拌成颗粒状的酱料。

3-将酱料放在烤箱里加热大约20分钟，等酱料表面变得焦黄，就可以出锅了，然后趁热用胡萝卜蘸着吃。

准备时间：5分钟
烹制时间：20分钟

配料：

- 200克奶油奶酪
- 1汤匙橄榄油
- 1罐朝鲜蓟心（175克，沥干的）
- 75克帕尔玛干酪屑
- 1小把新鲜菠菜或者2汤匙冷冻菠菜汤
- 1个白洋葱，切碎
- 1个小红椒，去籽，切碎
- 辣味番茄酱，随你口味
- 盐和胡椒

咖喱酱

将所有的配料搅拌均匀，然后放在冰箱里冷藏，食用的时候取出来即可。

准备时间：5分钟

配料：

用来制作一大罐咖喱酱

- 2罐希腊酸奶
- 1汤匙绿咖喱或红咖喱汤
- 1个白洋葱，切碎
- 半个苹果，擦成丝
- 盐，胡椒

红扁豆青椒酱

准备时间：10分钟
烹制时间：15分钟

配料：

用来制作一大罐酱料

- 2个红椒，去籽，切成丁
- 2瓣蒜，切碎
- 2汤匙橄榄油
- 250毫升鸡汤
- 100克红扁豆
- 1汤匙柠檬汁
- 盐，胡椒

1-在锅中倒入油，加热，将青椒和大蒜在锅中煸炒下，加入盐和胡椒，再加入鸡汤，以及切碎的扁豆。

2-煮沸后，盖上锅盖，用小火煮大约15分钟，或者直到扁豆煮软为止。倒入搅拌机里，搅拌成顺滑的菜泥状，加入柠檬汁，搅拌均匀，如果需要的话就再调下味。晾凉后，放进冰箱冷藏，食用的时候取出即可。

墨西哥鳄梨酱

将鳄梨削皮，用叉子捣碎。浇上柠檬汁，加上盐和胡椒，再加入洋葱，然后根据自己的口味加入香菜、孜然和辣椒，再淋上橄榄油，放进冰箱冷藏，食用的时候取出即可。

准备时间：5分钟

配料：

用来制作一大罐鳄梨酱

- 2个熟透的鳄梨
- 2汤匙青柠汁
- 1个新鲜的小洋葱，切碎
- 1汤匙香菜，切碎
- 2小撮孜然
- 盐和红辣椒碎
- 1汤匙橄榄油

大米在向我们微笑

没错，手抓饭和牛奶饭都是很经典的做法，确实很美味啊，怎么能不学一下呢？而且，你还可以了解到有关水稻和数学的历史，这些足以让你成为有关大米的百事通！

食谱 咖喱抓饭

准备时间：10分钟
放置时间：30分钟
烹制时间：15分钟

配料：

- 200克印度香米或长粒香米
- 1个洋葱或1根分葱
- 3汤匙橄榄油
- 1咖啡勺咖喱粉或咖喱膏
- 盐，胡椒
- 350~400毫升水或者汤（蔬菜汤或鸡汤）

1-将大米漂洗3遍，然后放在一碗加入少许盐的冷水里浸泡半小时。同时，将分葱切碎。

2-在锅中倒入橄榄油，加热，把分葱倒入锅中煸炒，但不要过分着色。加入咖喱。再把大米撒进锅里，不断搅拌，直到米粒变为透明状。加入胡椒，然后倒入沸水或者汤汁。

3-简单搅拌下，等锅里的米汤重新沸腾之后，将火调小，咕嘟5分钟。关火，盖上锅盖静置15分钟，直到汤汁都被米粒吸收为止。记得在焖煮的过程中不要搅拌。尝一尝，如果米饭太硬了，则再加入50毫升热水或热汤，然后盖上锅盖用文火焖煮5分钟。如果需要的话，再加点盐。

小贴士：毋庸置疑，这道菜是可以有各种变化的。比如，你可以用藏红花、香草荚、丁子香干花蕾、小豆蔻籽等香料为米饭增香，或者加入蔬菜、蘑菇、肉丁或火腿丁、虾肉等。一般来讲，米和水的比例为1：1.5~2，取决于所选用的米的品种。

食谱 法式牛奶饭

准备时间：10分钟
烹制时间：30分钟

配料：

- 1升全脂牛奶
- 100克圆粒大米
- 100克细砂糖
- 1个香草荚

1-将香草荚劈成两半，用小刀的刀尖把香草籽剜出来。在锅中倒入牛奶，加入香草荚和香草籽，煮沸。

2-当牛奶煮沸后，将大米倒进锅里，搅拌均匀，等锅里的牛奶重新沸腾后，将火调小，虚掩着锅盖，用小火咕嘟半小时，每隔10分钟搅拌一下。

3-30分钟后，米粒变得膨胀，但还没有完全把牛奶吸收进去。关火，加入糖，搅拌均匀，然后把米饭倒入沙拉碗里，在常温下自然冷却。

园艺

客厅里的迷你稻田

你尝试过种植水稻吗？没错，你的花园将整个被水淹没，不过你还是可以想办法开辟一小块室内的水稻田！

1-找一个长方形的玻璃鱼缸，在下面四分之一的高度内填满疏松的土壤和沙土。

2-在土层上面浇水，直到土壤变得湿润为止。

3-你需要一小把完整的米粒（这点至关重要，否则种子便不会发芽），然后紧密地播种在鱼缸里。

4-现在，你要给“未来的水稻田”找一个光照和温度都适宜的地方。要经常浇水，使鱼缸里的土壤一直保持被水浸没的状态。

5-几个星期后，你就会看到第一茬绿色的水稻嫩芽破土而出。继续浇水，如果外边的温度不会导致“水稻田”结冰，就把迷你水稻田挪到太阳下，等到5月或6月左右就可以收割了。

历史

结婚时为什么要向新人扔大米？

当一对新人走出民政厅或教堂的时候，亲友们会向他们身上撒一把大米，这象征着繁荣和多产。这个习俗要追溯到一个古老的拜物教仪式：人们向新婚的年轻人身上撒种子，他们认为，种子会把自身携带的能量和富足自动传递到新人身上。

而如今，找到一包大米要比找到麦子和虞美人种子容易得多，所以就用大米了。

故事

关于国际象棋的传说

很久以前，在一个遥远的国度（古印度），国王觉得生活很无聊，便昭示全国，谁能找到一种让他满意的游戏，便会赐予他丰厚的奖赏。

智者西萨于是向国王进贡了一种棋类游戏（就是我们今天的国际象棋的前身），国王觉得这种棋不同寻常，非常喜欢，就让西萨提出自己希望得到什么奖赏作为交换。西萨请求国王在棋盘的第一格上放1粒麦粒，第二格上放2粒麦粒，第三格上放4粒，第四格上放8粒，第五格上放16粒，如此一格一格加上去，每一格比前一格多加一倍，一直加满所有格子，然后把所有麦粒作为给他的奖赏。

国王觉得西萨所要的奖励很容易实现，就一口答应了，却没有意识到他犯了多么严重的一个错误！

国王的顾问精通数学，于是他赶忙禀报国王，说这会使整个王国破产，因为整年的收成都不够支付给西萨的。

如果按照西萨的要求一格一格加上去，加到第64格时，就大约需要1.84×10^{19}颗麦粒！

要知道1000颗麦粒的重量大约是30克，而现在全世界稻米的年产量是7亿吨，也就是说，需要1000年的产量才能满足这个数字！

火炉旁的美食之夜

如果你家的房子有一个壁炉（或者你找到一处有壁炉的住处），那么别错过这样一个美食之夜：用炭火做出来的菜肴，味道可是大不一样哟。

食谱 炉灰烤土豆

1-将土豆洗净，然后分别拿食品用铝箔纸包裹起来，放到炉灰下面焖烤40~50分钟，具体时间取决于土豆的重量以及炉火是否旺盛。

2-利用这段时间，可以来准备下酱料：将鲜奶油、白乳酪、细香葱、香芹、盐、胡椒和辣椒粉混合在一起，搅拌均匀，放在冰箱里冷藏。在食用的时候取出来，把土豆趁热沿纵向切开，把酱料涂上去即可。

小窍门：为了使酱料味道更浓，可以再加入一勺辣根菜、芥末或者捣碎的洛克福奶酪。在节日的晚上，可以把这种烤土豆搭配熏三文鱼片一起享用。

准备时间：10分钟
烹制时间：40~50分钟

配料：

- 4个土豆
- 2汤匙浓的鲜奶油
- 2汤匙白乳酪
- 1汤匙切碎的细香葱
- 1汤匙切碎的香芹
- 盐，胡椒，辣椒粉

准备时间：10分钟
放置时间：12小时
烹制时间：10~15分钟

配料：

- 700克鸡胸肉
- 1盒酸奶
- 1咖啡勺混合香料（四香料）
- 1咖啡勺辣椒粉（或者超辣的，或者微辣的，或者一半一半，根据自己口味）
- 1汤匙橄榄油
- 1咖啡勺浓缩番茄酱

食谱 炭烤鸡肉串

1-调好腌泡汁，放入切好的鸡肉丁，大小约为2.5厘米，仔细搅拌均匀，然后浸泡12小时。

2-倒掉多余的腌泡汁，将腌好的鸡肉块串在钎子上，中间可以搭配一些洋葱或胡萝卜，夏天的话也可以搭配青椒和西葫芦。

3-把烧烤架支在壁炉的炭火上方，把鸡肉串放在上面烤10分钟即可。

食谱 焦糖苹果

准备时间：5分钟
烹制时间：10~20分钟

配料：

- 4个苹果
- 黄油
- 糖或者巧克力

1-把每个苹果的上边掏一个洞，去掉梗和核，在里面加上一些黄油和糖（或者一块黑巧克力也行）。

2-用一小块苹果盖住这个洞，再拿食品用铝箔纸包裹住，然后把苹果开洞的一头朝上，放进壁炉里，埋进炉灰里。

3-要随时留意烤制的过程，一旦苹果焦化，就可以从炉灰中取出了。

食谱 巧克力酱烤香蕉

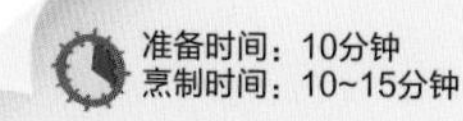

配料：

- 4根熟透的香蕉
- 12小块黑巧克力
- 食品用铝箔纸

1-将香蕉沿纵向切开，但要小心别把下面的香蕉皮切透。在切口中放入2~3块巧克力（或1汤匙巧克力酱）。

2-用香蕉皮把香蕉重新盖起来，然后每根香蕉都拿铝箔纸包裹好。

3-把包裹好的香蕉放到火炭下，烤制10分钟左右。食用的时候撕开铝箔纸即可。

实践

如何更好地驾驭壁炉之火

用火做任何事都不是没有危险的，如果你打算和孩子们一起用壁炉的炉火烹制美食的话，这里有一些必要的提醒。

*永远不要用酒精点燃壁炉中的木柴。

*可以把旧报纸揉成纸团或卷成纸筒来点火，或者再加入几个你上次去森林或公园漫步时捡回来的松果。

*不要用那些含有树脂的木柴，它会一直发出噼啪的爆炸声，而且产生的油烟会很快阻塞通风管道。

*最好使用下面这四种树的木材：橡树、山毛榉、槭树和白蜡树。

*在燃烧的过程中会迸发出火星，所以地毯、窗帘、报纸和书籍等易燃物品要远离壁炉。

*在任何情况下，无论是出于释放足够热量的角度，还是出于保护壁炉的角度，都只能使用干木柴，这是最好的燃料。

*很难阻止孩子们去拨弄火堆，不过他们这么做的时候，你一定要在旁边，而且只能允许他们拿长柄金属钳来调整壁炉中的木柴和木炭的位置。

*在你离开房间时，或者夜幕降临，你打算睡觉时，一定要先把壁炉的火熄灭。万一有一根木柴从壁炉中滚落，并释放出大量有害的浓烟时，要赶紧用炉灰把剩余的木炭盖住。

这些都很有用，千万别扔掉！

怎么？有机的蔬菜和水果都很贵？如果你也觉得它们对健康更有益，而且知道它们在烹饪中可以被使用两次，我肯定你会重新衡量它们的价格。

食谱 

用隔夜面包和果酱来制作布丁

罐子底下还剩了一些果酱？隔夜的面包也还有一些？你可以用它们来做一顿完美的早餐！

准备时间：15分钟
烹制时间：20~25分钟
放置时间：30分钟

配料：

- 隔夜的面包或奶油圆蛋糕，以及面包心（大概250克左右）
- 150毫升液态奶油
- 100毫升牛奶，黄油
- 2汤匙细砂糖
- 3个鸡蛋
- 1~2汤匙果酱或果泥

1-将面包切成块，放到沙拉碗里，加入蛋液、奶油、牛奶和糖，搅拌均匀，然后静置大概30分钟，直到碗里的液体被面包完全吸收。

2-将烤箱预热到190℃。

3-将面包放入涂有黄油的盘中，加上1~2汤匙果酱，再撒上些黄油屑，烤制20~25分钟即可。

小贴士：在制作过程中，你可以用碾碎的杏仁糖或巧克力、冰糖栗子、苹果或其他水果的果泥来代替果酱。

食谱 

焗土豆皮

准备时间：15分钟
烹制时间：20~25分钟

配料：

- 400克土豆皮（或者土豆皮和胡萝卜皮的混合物）
- 3汤匙鲜奶油
- 120毫升牛奶
- 100克干酪屑+2汤匙面包屑
- 盐，胡椒
- 黄油

1-将烤箱预热到180℃。把奶油和牛奶混合均匀，可以根据自己的口味，加一些切碎的肉豆蔻提香。

2-用冷水将土豆皮冲洗干净，沥干。先放一层在涂好黄油的盘子上，撒一点盐，再撒上胡椒，然后将一半奶油和牛奶的混合物倒入盘中，再撒上一些干酪屑和面包屑。

3-用余下的食材重复上述步骤，最后在上边再撒一层干酪屑和面包屑。

4-放进烤箱里烤制20~25分钟即可。

游戏

看谁能削出最长的果蔬皮

唉，给蔬菜削皮可是件苦差事，谁都不愿意去做，除非你把它变成一个游戏：组织一场比赛，看谁能削出最长的果蔬皮！注意，果蔬皮一定要完整的才算数。无论是削土豆还是胡萝卜，一条果皮的长度都不太可能超过50厘米，即使削得很细也不行。不过换一根长羽裂萝卜或大萝卜试试，你会为结果感到惊讶的！比赛结束后，这些长长的果蔬皮可不要浪费了，它们也可以用来做菜。

园艺

实惠的肥料

好吧，相信我，你不必把所有的厨余边角料做成菜肴……家里不是还养着一些植物吗？在你家厨房里，很多种天然肥料都是唾手可得的。

＊将所有的植物厨余垃圾（当然也得是有机的才行）装进一个密闭的垃圾桶里，放在花园的角落里几个月，它们会变成很好的腐殖土。

＊把咖啡残渣收集起来，它们可以为绿色植物和蔷薇科植物带来养分。

＊蛋壳被磨碎之后可以作为室内植物很好的肥料。

＊如果你家有一个壁炉，你可以取一些炉灰堆在植物的根部，这绝对是个让植物更好生长的好办法。

食谱

用香蕉皮做的蛋糕

1-将香蕉皮洗净，把两端切掉，然后和牛奶、酸奶一起放入搅拌机中搅拌成浓稠的果泥。

2-把果泥倒入沙拉碗，加入蛋黄，用打蛋器搅拌均匀，加入熔化的黄油。

3-接着倒入筛过的面粉和酵母，然后是糖和小苏打，用打蛋器搅拌均匀。

4-把蛋清打成泡沫状，倒进之前搅拌好的面糊里，再加入巧克力，并搅拌均匀，然后将搅拌好的面糊倒入提前涂好黄油的蛋糕模子里。

5-放进烤箱，在180℃炉温下烤制15分钟，然后将炉温调低至160℃，再烤制10~15分钟。用牙签来试试看蛋糕的成熟度：如果牙签拔出来时没粘东西且保持干燥，就可以出炉了。

准备时间：20分钟
烹制时间：30分钟

配料：

-3根熟透的有机香蕉的香蕉皮
-50毫升牛奶
-1汤匙原味酸奶
-2个中等大小的鸡蛋（蛋清和蛋黄分开）
-50克黄油
-180克面粉
-150克粗红糖
-50克巧克力块（或者把一大块巧克力掰碎成小块）
-半包酵母
-2小撮小苏打

食谱

烤果皮

用“100%回收食材”来制作美食。

1-将果皮放进盆里，撒上糖和香料，仔细搅拌均匀。

2-将它们摆放在铺好油纸的烤盘上，放进烤箱，在80℃的温度下烘4~5小时。

准备时间：10分钟
烹制时间：4~5小时

配料：

用来制作150克左右的烤苹果片（或梨片）
-12个苹果或梨的果皮
-1汤匙糖粉
-2咖啡勺桂皮，混合香料（四香料）或香草粉

圣诞节的13款糕点

普罗旺斯不愧是美食的天堂。你问证据？在这里，人们庆祝圣诞节的时候会准备13道甜品！用它们来点缀节日的餐桌，简直再好不过了。

食谱

木瓜糕

准备时间：1小时
烹制时间：40分钟
烘干时间：4小时

配料：

用来制作整整一大块木瓜糕
–2.5千克木瓜
–大约1.5千克糖
–2个香草荚

1-将木瓜擦拭干净，直接切成四块，不用削皮（需要一把足够结实和锋利的刀，因为这些水果的果皮很硬）。将木瓜瓤和木瓜籽除去包在薄棉纱布里。然后把木瓜肉切成大块。

2-在锅中加入1升水，烧开，把木瓜块和装有木瓜籽的纱布包一起放入锅中，用文火煮25分钟左右，直到果肉变软为止。

3-取出装有木瓜籽的纱布包，好好保存备用。然后用漏勺（这点很重要，因为要保证果肉尽可能不含水分）把木瓜果肉捞出，并搅拌成果泥。

4-称一下果泥的重量，按照每千克果泥加入700克糖的比例调配，倒进大锅或果酱盆里，然后搅拌均匀。按压纱布包，把挤出来的带有黏性的液体（这些液体很宝贵，因为其中含有的果胶能够让木瓜糕成形）加入果泥中。

5-用小火煮40分钟，并用一把木勺不停搅拌，使果泥脱去水分（这个步骤要尽量让孩子们离得远点儿，以防果泥飞溅出来造成烫伤！），并与锅体自然分离。

6-根据你的选择，在模具或烤盘中垫上油纸，再将果泥铺在上边，果泥厚度不要超过3厘米，这样便于烘干。用刮刀把果泥表面抹平。如果时间比较紧，可以直接放在烤箱中，在80℃炉温下烘4小时。且每半小时打开一下烤箱门，以保证水蒸气能散发出来。如果不着急，则用布把果泥盖好，放在常温下晾48小时也可以，在晾干的过程中需要给果泥饼翻一次面。

零食 13道甜品

* *葡萄干
* *无花果干
* *杏仁
* *榛子仁
* *核桃
* *梨
* *苹果
* *李子
* *木瓜糕
* *西瓜果酱
* *蓬普油烤饼
* *白牛轧糖
* *黑牛轧糖

你数数看，正好13道甜品！

食谱

蓬普油烤饼

准备时间：20分钟
烹制时间：20~30分钟
放置时间：3小时

配料：

用来制作一张烤饼

- *500克面粉*
- *90克细砂糖*
- *25克面包专用酵母*
- *1汤匙柑橘花水*
- *1个橙子*
- *1小撮盐*
- *250毫升橄榄油*
- *250毫升水*

1-将酵母用温水稀释，然后静置10分钟。利用这段时间，将橙子剥皮，将面粉和糖混合均匀，然后加入酵母、橄榄油、柑橘花、橙子皮和盐。反复搓揉，得到匀称的面团，并揉成圆球形。

2-用一块湿布盖住面团，在常温下饧2小时，直到面团的体积变成两倍大小。

3-在案板上撒一层面粉，将面团放在案板上，搓揉成一大块1厘米厚的圆面饼，用刀子在面饼上每隔一段距离切一个切口，把切口稍稍掰开，得到一张镂空的面饼，再饧1小时。

4-将烤箱预热到200℃。

5-在面饼上边涂一层橄榄油，然后放进烤箱里烤制大概20分钟，直到烤至金黄色，把烤饼从烤箱中取出，并在饼的表面涂一层橄榄油。

食谱

黑牛轧糖

准备时间：20分钟
烹制时间：10分钟
风干时间：12小时

配料：

- *250克的整颗杏仁*
- *250克榛子仁*
- *250克薰衣草花蜜*
- *1咖啡勺面粉*
- *1咖啡勺糖*
- *油纸或非发酵纸*

1-在一个方盘或方形模具的底部铺上一张油纸。

2-将杏仁和榛子仁放进烤箱中，在140℃炉温下焙烤10~15分钟。

3-在一口小锅中倒入蜂蜜，把焙烤好的杏仁和榛子仁倒进去，煮沸。

4-用中火继续煮，并时不时搅拌下。10分钟后，捞出一颗杏仁，并切为两半：如果里面的果仁已经微微变成金黄色，那么用来制作牛轧糖的基础配料就准备好了！

5-在锅中加入一小捧面粉和一小捧糖，用力搅拌均匀，将混合物倒入方盘中，在上面再盖一张油纸或非发酵纸，并用刮刀把表面抹平整。

6-在上面盖一块布，上边放上重物，放在阴凉通风的地方至少12小时。

如果是制作白牛轧糖，只需将打好的蛋清液和蜂蜜搅拌在一起，再加入干果仁就可以了。

整个制作过程非常讲究，所以，肯定是去直接买现成的牛轧糖要省事儿得多……

圣诞节怎能少了植物的点缀

大家都在庆祝新年的到来时，植物们也参与其中：圣诞树以及用植物做的王冠和各种玩具都很受欢迎，它们在迎接冬至日的到来（在北半球）以及春天的临近。当然，为了庆祝节日的到来，各种美食也是必不可少的。

每个国家都拥有自己独特的文化、宗教和历史，因而也都有自己庆祝这一时刻的方式。不过在各种节日庆祝的仪式之中，那些与植物有关的玩具和装饰都占有一席之地。那么，不妨一起来了解，并为孩子们打造一个国际范儿的圣诞节吧！

法国：麦芽盘

在圣诞节前2~3个星期，在一个盘子里放上一块湿棉花，然后取几粒小麦（或者黑麦、大麦或燕麦）放在盘中。把盘子放在窗户后面保暖良好的地方，然后耐心等待：谷物的种子会慢慢长出笔直的绿色嫩芽。这是节日餐桌的理想装饰，而且可以食用哟！

在欧洲不少国家，有很多与谷物有关的习俗。在法国南部的普罗旺斯地区，人们会播种一些麦粒，然后用湿棉花盖住。大家都相信如果种子在圣诞节期间发芽，那么接下来的一年就会有好的收成！

意大利：玉米娃娃

从前，在波河平原的农田里，意大利的小朋友们会用玉米来制作娃娃！玉米须被用来编织成各种不同的发型，而宽大的叶片被折叠成娃娃的胳膊，灯芯草秆被当作腰带，勒出娃娃的腰身，再用炭笔画上眼睛，一个漂亮的纯天然玉米娃娃就做好啦！

在意大利，孩子们总会期待1月6日的来临，在这天夜里，女巫贝法娜会骑着扫帚出现，给那些乖孩子带来礼物；而对于那些不乖的孩子，她会用木炭装满他们的鞋子！

瑞典：麦秆星星

麦秆和谷粒是冬天最重要的象征，它们“呼唤”着春天的回归。在瑞典，孩子们会用麦秆来制作挂在圣诞树上的星星。首先，选取十来根足够长的麦秆，首尾相连地缠绕在一起，用细绳扎紧，然后把系好的麦秆折成10段相等的长度，做出一个五角星的造型。

在瑞典，每年12月，每一所学校都会选出一个女孩来扮演光明女神圣露西。在冬天黑夜最长的那个晚上，孩子们头上戴着越橘花冠，被烛光笼罩。

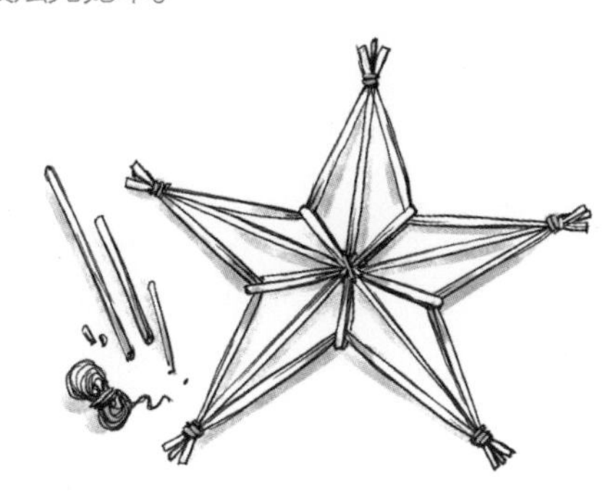

印度：树叶编织的盘子

在印度，香蕉树宽大而有光泽的树叶是编织盘子、锥形袋子甚至帽子的理想材料。在法国，树叶要小得多。不过没有关系，采摘十来片足够长的栗树叶（要选择结实的），然后按照图上的方法把它们编织在一起。你可以用松针或百里香的细秆来把这些树叶别在一起。

印度人不过圣诞节，他们最喜欢的节日是排灯节（也称光明节），在每年秋天新月降临的那天，也就是夜空最黑暗的那天。他们会用香蕉树或芒果树的树叶来装饰自己的房子。

中国：“锦灯笼”

“锦灯笼”是酸浆属的一种浆果，也叫作“红姑娘”，因为每一颗美味的果实（当然并不是所有品种）外边都包裹着一层“外衣”。到了秋末，这身“外衣”会变成红色。如果你把它们采摘（市场中也可以买到）下来晾干，“外衣”的漂亮颜色并不会褪去。用细绳把它们拴起来，好似天然的“彩灯”。等到节日过后，我们还可以把这些果实吃掉，一举两得。

中国的传统新年（春节）是在冬至之后第二个朔日那一天。一般庆祝的节目包括：舞龙舞狮，放鞭炮，在树上挂彩灯，点各种灯笼和花灯。

来自异国他乡的丰富的维生素

冬天没有那么多的新鲜水果可以吃怎么办？幸运的是，热带地区的很多水果还在生长着。无论是生吃还是做成菜肴，它们都为我们带来了丰富的维生素。

食谱  异域鲜果串

准备时间：15分钟
放置时间：1小时

配料：

- *4根小香蕉（芝麻蕉）*
- *1个大芒果*
- *8颗荔枝*
- *3个猕猴桃*
- *1个绿柠檬/青柠*
- *4个柑橘*
- *1汤匙粗红糖*
- *100克椰丝*
- *木钎子或竹钎子*

1-准备好水果：将芒果、猕猴桃、柑橘和香蕉剥好皮，将荔枝剥皮去核。然后把香蕉切成小段，把其他水果切成3厘米大小的小块，把柑橘切成四块，荔枝则保持完整。将切水果时流出来的果汁收集起来。

2-把各种水果摆放在盘中，把果汁和青柠汁一并淋在上面，再撒上糖，腌渍至少1小时。

3-用钎子把水果穿起来，要注意把各种水果间隔开来，以保证口味的丰富性。

4-把水果串放在装有椰丝的盘子里面蘸一蘸，然后放在果盘里。喜欢甜食的，还可以蘸上香草奶油来享用。

食谱  蜂蜜香草烤菠萝

准备时间：20分钟

配料：

- *1个菠萝*
- *1个绿柠檬/青柠*
- *1个香草荚*
- *1咖啡匀鲜姜末*
- *2汤匙蜂蜜（调和蜂蜜或者槐花蜜）*
- *30克黄油*
- *2汤匙朗姆酒（酒精会在烹制过程中挥发，不会让孩子们喝醉的）*

1-将菠萝皮削掉，沿纵向切成八块，把中间的硬芯去掉。

2-将香草荚劈成两半，用小刀的刀尖把香草籽剜出来。将柠檬汁挤到碗里，加入姜、蜂蜜和香草（香草籽和香草荚）。

3-在锅中将黄油熔化，将切好的菠萝放进锅中每面煎2~3分钟，上色。将火调小，加入调好的蜂蜜，再倒入朗姆酒（可以先把油烟机关上，否则混合物过热有可能燃烧起来），然后再加热2~3分钟，时不时翻一下菠萝块，直到它们焦化为止。

4-把烤好的菠萝块（表面应该裹着一层糖浆状调料）搭配香草冰激凌球一起食用，味道更佳。

园艺 异域风情的花园

在家里种植一些异域植物，这是一个很好的、足不出户的旅行方式！而且你也不需要太费力去寻找，在厨房里就可以找到那些可以种植的品种。

1-巴哈马鳄梨

把鳄梨的核晾干，1~2天后，种子外边那层棕色的果皮便会开始脱落。把这层果皮清除干净，但不要损坏果核。在距离果核底部2厘米左右的高度扎3个小孔，并插进去3根火柴。把它架在一个装满水的玻璃杯上，让果核的底部泡在水里。几周后，小鳄梨树便会长出茎秆。如果你悉心照顾的话，它可以长到2米高，而且可以活很多年！

2-巴拉圭菠萝

先把菠萝顶部的莲座状叶丛连同大概1厘米厚的果肉一并切下。等到横切面干燥后，将它埋进沙土和腐殖质混合的土壤中，只露出叶丛部分。时不时地浇浇水，并向叶片上喷些水（但花盆里不要有水淤积）。如果温度环境高于18℃且采光良好，菠萝就会慢慢成长。

3-墨西哥番薯

这种热带作物既耐寒，又保持着顽强的生命力。只需要一个装满水的细口花瓶，就可以让它生长出新的藤蔓。把番薯的下面三分之一泡在水里，等到长出茎枝之后，每个月为它施一次氮肥即可。如果你希望它继续生长，就等藤蔓生长到一定程度后，把它整棵移植到土里，然后搭上支架，便于藤蔓攀爬。

食谱 苹果—猕猴桃汁

准备时间：24~36小时

配料：

用来制作2.5升果汁
- 3千克苹果
- 2千克猕猴桃

猕猴桃所含的维生素C是柠檬和橙子的10倍！把猕猴桃和苹果混合在一起，可以更好地中和掉它的酸度。

1-将水果切成块，把果肉捣碎，将新鲜的果泥保存12~24小时，然后把它们倒在滤网上，用力挤压。

2-让果泥在自然的状态下滗析12小时，去除果肉后（会失去纤维，确实是个遗憾）把果汁收集起来，装进瓶子里，但不要盖上盖子。

3-把装有果汁的瓶子竖直放进一大盆水里加热，直到果汁达到72℃，然后把瓶盖拧紧。这些果汁可以保存一年以上！

器具：

- 磨碎机或碾磨机
- 家用滤网
- 空果汁瓶（带瓶塞）
- 厨用温度计

圣蜡节的可丽饼！

到底是用小麦还是荞麦？停止争论吧，它们都能做出甜咸皆宜的美味可丽饼。为了避免争吵，不妨准备两种。真正关键的只有一点：饼要摊得好吃，这样才能让孩子们佩服。

准备工作

咸味荞麦饼

1-将面粉倒入一个面盆里。

2-加入打好的蛋液、油和盐。用打蛋器仔细搅拌均匀，再一点一点加水，然后加牛奶，同时不停地搅拌，直到面糊变得均匀顺滑。

3-将面糊放置在一旁饧30分钟，然后倒入涂好黄油的锅中摊熟，就像做煎饼一样。

准备时间：10分钟
放置时间：30分钟

配料：

可制作大约15张煎饼

- 250克荞麦面
- 2个鸡蛋
- 100毫升牛奶和250毫升水
- 2汤匙油
- 2小撮盐

食谱 青椒火腿奶酪烤饼

1-将腌渍青椒沥干，切成条。用削皮器把奶酪擦成丝。

2-在锅中加入一块黄油，用中火使其熔化。将摊好的面饼放进锅中，撒上干酪丝，等干酪熔化后，再加入几片火腿和一些青椒条。

3-加热2分钟左右，然后用锅铲从四周将薄饼揭起来，并把四边折向中间，以便能得到一张完整的、夹着火腿和青椒的长方形烤饼。

4-趁热食用，然后再用同样的方法制作下一张烤饼。

变化：除了使用传统的配料（火腿、鸡蛋、干酪）之外，你还可以使用马苏里拉奶酪、番茄干、番茄酱、熏三文鱼、鲜奶油、咖喱鸡肉丁。或者，制作一些甜味的荞麦烤饼，它能让荞麦的味道更可口（毕竟有些孩子不太喜欢荞麦的原味）。

准备时间：10分钟
烹制时间：20分钟

配料：

- 4张荞麦饼（用上面的方法制作）
- 100克腌渍青椒（放在罐子中）
- 100克生火腿（用奶油生菜浓汤腌渍下）
- 150克羊奶酪
- 60克黄油
- 盐
- 1小撮埃斯佩莱特辣椒粉

准备工作

甜味小麦饼

1-将面粉倒入一个面盆里。

2-加入打好的蛋液和糖。用打蛋器仔细搅拌均匀，然后一点一点加入牛奶，同时不停地搅拌，直到得到均匀顺滑的面糊。

3-将面糊放置在一旁饧30分钟，之后再搅拌一次。在锅中加入一块黄油，加热将它熔化，然后用长柄勺舀一勺面糊，均匀地摊在锅中，把面饼摊成圆形，加热2~3分钟，然后把面饼抛到空中翻一个面（或者让孩子们来操作，他们一定不会感到厌烦），再继续加热。摊好一张面饼后，可以用同样的方法制作下一张，直到面糊都用完为止。

准备时间：10分钟
放置时间：30分钟

配料：

用来制作大约15张饼

- 250克优质小麦粉
- 3个鸡蛋，打成蛋液
- 2汤匙油或熔化的黄油
- 2汤匙细砂糖
- 1汤匙香草精
- 500毫升牛奶
- 1小撮盐

变化：如果你不喜欢荞麦的味道，也可以用小麦粉来制作咸味的面饼，只需按照上面的方法，将250克小麦粉、3个鸡蛋、2勺油或熔化的黄油、少许盐和500毫升牛奶搅拌均匀。

食谱

椰丝可丽饼

1-在锅中加入一块黄油，用中火使其熔化。将摊好的面饼放进锅中，先撒上椰丝，再撒上蔗糖或粗红糖，加热2~3分钟，用锅铲从四周将薄饼揭起来，并把四边折向中间，以便能得到一张长方形煎饼。

2-将煎饼翻一个面，再加热2分钟。

3-搭配芒果或菠萝冰激凌趁热食用。然后再用同样的方法制作下一张可丽饼。

变化：同样是制作甜味的可丽饼，也可以尝试别的配料：奶油/栗子酱、香草霜、烤菠萝丁、香蕉/巧克力、苹果泥/葡萄干，红色浆果/英式奶油……

准备时间：10分钟
烹制时间：20分钟

配料：

- 6张摊好的小麦饼（使用上文的方法）
- 4汤匙椰丝（干）或椰果（鲜）
- 4汤匙蔗糖糖浆（粗红糖或红砂糖也行）
- 60克黄油

历史 圣蜡节为啥要吃可丽饼？

圣蜡节（也叫蜡烛节，是一个关于光明的节日）首先是一个基督教的节日。这个节日习俗起源于教皇哲拉修一世，他向来罗马的朝圣者派发可丽饼。而在此之前，这一天是古罗马的牧神节，女人们用小麦做成糕点供奉女灶神，以祈求来年的顺利。

圣蜡节的另一个传统要追溯到公元5世纪末，人们将可丽饼抛到空中，然后把右手的金币递到左手，再稳稳地接住可丽饼，这预示着一整年都会富裕。注意，为了能实现这个愿望，可丽饼要准确无误地落回到锅里才行。

鸟儿的食堂

当然了，鸟儿们也会饿肚子，尤其是到了冬天，严寒和冰雪会让花园里所有“住户”的生活都变得艰难。是时候为它们准备一些美味的“小菜”了……

活动

供鸟儿取食的箱子

拿一个卡门贝尔奶酪的木制包装盒（不要盖子），以轴线为中心平行固定两根15厘米长的铁丝，使两根铁丝间隔5厘米，然后在铁丝穿透盒子的两个眼儿中间设置一个可自由拆卸的挡板，用来随时往里面填充种子。

用订书机在盒子的上方固定一张细铁丝网，将盒子里装满种子（大概三分之二），种子的颗粒要大于铁丝网的空隙。

接下来，你只需借助之前装好的两根铁丝把它挂在阳台上或者花园里的树上就行了。

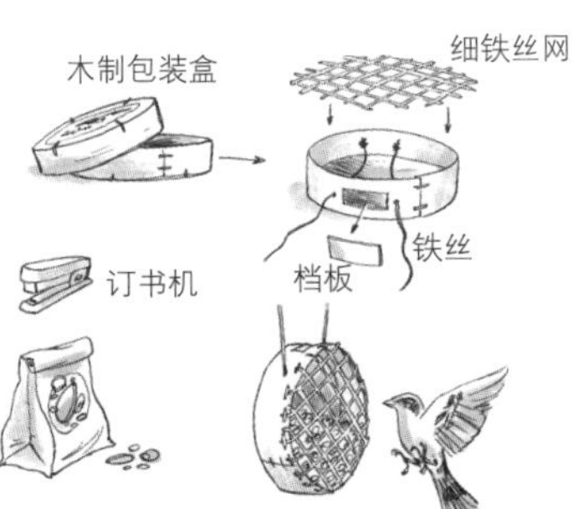

自助取食的瓶子

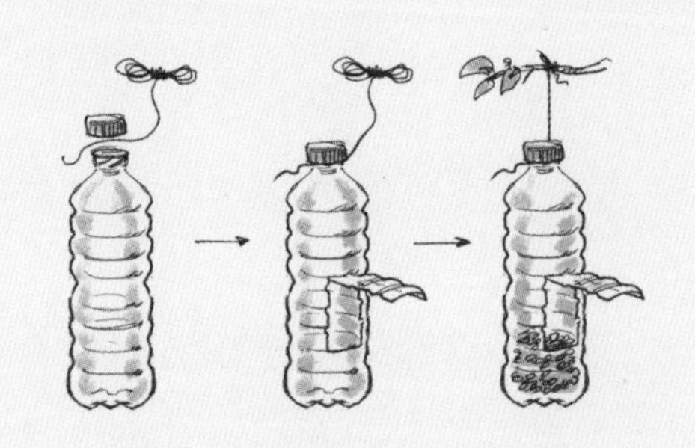

拿一个空塑料瓶，拧开瓶盖，在瓶口系上细绳，然后再把瓶盖拧紧。

按照图示的方法在瓶子上开一个“窗户”（只剪开三边即可）。把“窗户”向上打开，搭成“顶棚”，下面则变成一个入口，以便鸟儿可以进到瓶中取食。

一旦在瓶子的下部装满种子，鸟儿们会毫不犹豫地飞到窗边来享用的！

建议 要让所有鸟儿都有食吃

那些留在你家花园里过冬的鸟儿被称作留鸟。它们有的什么都吃（也就是说，它们是杂食鸟类），有的只吃种子（植食鸟类）。而那些只吃昆虫的鸟儿（食虫鸟类）已经迁徙到更温暖的南方去过冬了。

为了让所有留下的鸟儿都有食吃，就得准备尽可能多的食物：各种种子、水果和面包干，等等。而且也要观察是不是所有鸟类都能舒服地取食。否则，可能到头来能享受你慷慨馈赠的总是仅限于某些鸟儿，而其他一些比较弱小的鸟儿则依然饿着肚子。为了避免这种现象的发生，要尽可能使取食地点多样化，比如，有些食物可以挂在树上，有些可以放在地上。

此外，你还得保护鸟儿免受捕食者的攻击，尤其是猫咪，它可是鸟儿的最大威胁，所以取食处一定要安放在猫咪够不到的地方。

以下这些建议可以让你帮助25种不同的鸟儿，即使是在城市里！

1-只在严寒或下雪天为它们提供食物。

2-在此期间，请定时检查设置的投食点，否则习惯了在这些地方取食的鸟儿们很快就得饿肚子了！

3-别让这些食物在室外放置太久，否则一旦天气回暖，这些没来得及被吃掉的食物有可能会腐败，从而危害鸟儿的健康。

4-最后，留心观察这些“客人”们，但不要打扰它们。

苹果托架

对于红喉雀（知更鸟）来说，这是再理想不过的装置了；但对于乌鸫和斑鸫（画眉）来说，则显得有点儿不那么结实了。对于后者来说，也许直接把苹果放在草地上会更合适一些。

在一块大小为15厘米x15厘米、厚度为25毫米的木板上（最好选用冷衫木），画一个直径为8厘米的圆，用锯条把它挖下来，再用电钻（5毫米的钻头）在木板两侧相对应的地方打两个孔，然后在正上方也钻一个孔。用一根细铁丝穿过第三个孔，并固定好，用作悬挂托架的吊钩。

再用一根更粗、更结实的铁丝把苹果串好，铁丝的两端则分别穿过两个孔，搭在支架上。

用牛奶盒做食槽

这个盒子不算太美观，不过在准备时间不太充足的情况下却非常实用，而且防水性也很好，这就是牛奶盒做成的食槽！

用一把大剪子在牛奶盒的一面上剪一个4~5厘米深的开口，然后再把两侧修剪整齐，做成一个便于鸟儿出入的入口（如图所示）。在牛奶盒的上边用铁丝系好，在里面装上种子，然后悬挂起来。红喉雀、麻雀和山雀都会时不时地飞过来取食的。

春天已经回来啦！

当然，你根本不需要等到3月21日才能感受到春天的气息：在大自然中，树液在树干下涌动流淌，而芳香的鲜花也唤醒了你的嗅觉……

食谱 雏菊沙拉

准备时间：15分钟

配料：

- 3小把野苣叶（野生的或种植的都可以）
- 10~15束雏菊叶丛
- 雏菊花朵或花蕾
- 酸醋调味汁

雏菊并不惧怕寒冷，恰恰相反：它那柔软脆嫩的叶丛是从秋天开始生长的，而它清香的小花也是随处可见。

1-选取远离公路的植株（而且也没有被家畜们“染指”过，否则可能会有卫生问题），首先要采摘它们的花朵或花蕾，然后再用小刀来收割那些完整而鲜嫩的叶丛，要剔除那些不够完整的叶片和小昆虫。

2-先把野苣叶和雏菊叶丛清洗干净，然后放在沙拉篮里沥干水分。将雏菊的花朵用水冲洗干净，然后放在厨房纸上吸干水分。

3-在沙拉碗里将叶片和酸醋调味汁混合均匀，再用鲜花来点缀下！

食谱 紫罗兰糖浆

准备时间：30分钟
放置时间：26小时

配料：

可制作1小瓶紫罗兰糖浆

- 500毫升紫罗兰花（2碗）
- 300毫升水
- 1个柠檬
- 500克糖

紫罗兰是年初最早绽放的花卉之一。

1-在树林或花园中采摘两大碗紫罗兰，只选择带香味的品种。去掉花柄和花萼（绿色的部分），只留下花瓣。洗净，沥干。

2-将洗净的紫罗兰放在一个容器里。将过滤好的柠檬汁加水一起煮沸，然后倒在紫罗兰花瓣上。把容器盖好，浸泡24小时。

3-将浸泡过的汁液用洁净的细棉纱布过滤下，并挤压花瓣，目的是不浪费掉汁液中的精华。将得到的汁液静置2小时。

4-在紫罗兰汁液中加入糖，然后倒入锅中，盖上锅盖，用小火煮10分钟，让糖充分溶解，同时保留紫罗兰的香味。让煮好的糖浆冷却。

5-当糖浆冷却后，倒进瓶中，置于凉爽、干燥又避光的地方保存即可。

食谱

紫罗兰糖

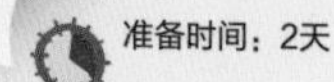

准备时间：2天

配料：

- 1束紫罗兰（未经处理的）
- 400克糖
- 糖粉
- 2杯水

用鲜花来做糖果？多奇怪的想法啊！并不是这样哟。在那些最出名的糖果店中，用紫罗兰做的糖果已经存在了1个世纪之久。

1-将紫罗兰花去梗，仔细清洗干净，用糖和水熬制成糖浆。等糖浆冷却后，将鲜花放进去浸泡1小时。

2-将鲜花捞出来，放在篦子上晾2小时。

3-在当天再重复两次这个过程，每次浸泡之后都重新将糖浆煮沸几分钟，使糖浆更加浓缩。

4-第二天，再进行两次浸泡过程。然后用文火给糖浆加热几分钟，使它变得浓稠，然后冷却。最后再把紫罗兰浸泡到糖浆里，泡制30分钟。

5-在糖浆凝固前，把花朵捞出。把凝固的紫罗兰糖块放在油纸上，在上面撒上糖粉，然后再风干几个小时。

收获 白桦汁

方法：

- 选取一棵树龄在10年以上的白桦树
- 采集白桦汁的时间最长不超过4~5天
- 需要一个盖有干净滤布的容器
- 采集完树液后，记得拿专用的胶把切口粘合好

不需要等到春天，在3月初的时候，树液就开始在白桦树皮下奔腾流转了。选择在此时来提取一些，品尝下传统美味“白桦汁”，正是时候。

用刀或凿子在树干上开一个V形的切口，把容器固定在切口的下方，树液会自己流到容器里。

尝尝看你提取的白桦汁吧，味道可能不是很浓郁，但仔细品尝的话还是会有淡淡的甜味儿。要想让它变得更美味，你可以在里面加一些蜂蜜，然后用小火缓缓加热，等晾凉了再食用。

索引

Y

Z

食谱索引

根据所需时间

我有一刻钟的时间·····

我有半小时的时间·····

我有1~2小时的时间·····

我有半天的时间·····

我有一整天的时间·····

我有好几天时间·····

食谱索引

根据类型

汤

头盘

主菜

甜品&甜点

饮料

作者

维尔日妮·康坦生活在图卢兹，从事翻译工作，尤其擅长青少年读物的翻译；同时她也热爱厨艺，平时很喜欢亲自下厨做几道小菜！

弗雷德里克·利萨克曾长时间在各种大自然俱乐部中工作，后转而从事新闻领域工作，成为自然环境方面的记者，随后进入出版业，在米兰出版社出版了一系列自然环境类书籍。从2001年起，他成为Plume de Carotte出版社的创始人和总经理。
在2009年，他和同伴一起在他所钟爱的科尔比埃山创建了一个充满自然气息和幽默感的狂欢节——“炸毛”狂欢节（Festival Rebrousse poil）。

插画师

雅克·阿扎姆是一位自学成才的插画师，最初为受众为成年人的报刊读物提供插画，后来转而为青少年出版物配插图。他出版过很多连环画。从2014年起，他在法国电视台导演并推出了《一天一问》系列短片。

迪图瓦纳也是一位自学成才的平面设计师及插画师。作为插画师，他为众多青少年及成年人出版物、报纸杂志及电视节目工作。他推出了大量的素描画册，还参与了由Plume de Carotte出版社发行的《当自然启迪科学》《大自然的线索》和《名树的故事》等书籍的配图工作。（www.titwane.fr）

图书在版编目（CIP）数据

快来帮帮我，我们要下厨房了！ /（法）维尔日妮·康坦，（法）弗雷德里克·利萨克著；（法）雅克·阿扎姆，（法）迪图瓦纳插图；时征译．-- 北京：中信出版社，2017.7

书名原文：Au secours！ mes petits-enfants débarquent dans ma cuisine!

ISBN 978-7-5086-7595-4

Ⅰ．①快… Ⅱ．①维… ②弗… ③雅… ④迪… ⑤时… Ⅲ．①烹饪－儿童读物 Ⅳ．① TS972.1-49

中国版本图书馆 CIP 数据核字 (2017) 第 108286 号

快来帮帮我，我们要下厨房了！

著　　者：［法］维尔日妮·康坦　［法］弗雷德里克·利萨克
插　　图：［法］雅克·阿扎姆　［法］迪图瓦纳
译　　者：时　征
策划推广：北京全景地理书业有限公司
出版发行：中信出版集团股份有限公司
（北京市朝阳区惠新东街甲 4 号富盛大厦 2 座　　邮编　100029）
制　　版：北京美光设计制版有限公司
承 印 者：北京华联印刷有限公司

开　　本：720mm×1000mm　1/16　　印　　张：9　　字　　数：140 千字
版　　次：2017 年 7 月第 1 版　　印　　次：2017 年 7 月第 1 次印刷
京权图字：01-2016-7734　　广告经营许可证：京朝工商广字第8087号
书　　号：ISBN 978-7-5086-7595-4
定　　价：68.00 元

出品人 陈沂欢
策划编辑 乔琦 范子恺
责任编辑 杨朝旭 温慧
营销编辑 李苗 王澜 杨春雪
装帧设计 马亚梅
中国国家地理·图书投稿邮箱：cngbook@cng.com.cn

出版发行 中信出版集团股份有限公司

服务热线：400-600-8099 网上订购：zxcbs.tmall.com
官方微博：weibo.com/citicpub 官方微信：中信出版集团
官方网站：www.press.citic